扫码看视频·花市植物种养系列

冬季
盆花种养手册

A PRACTICAL HANDBOOK
OF WINTER POTTED FLOWERS&PLANTS

花园实验室 等 著

U0255270

中国农业出版社

目录 CONTENT

PART 7　组合盆栽

PART 1

 # 种植基础

冬季种花的优点:
- 年宵花上市,把节日的家里布置得美美哒!
- 在温暖的室内,像温室一样培育很多植物
- 气候寒冷,少病虫害
- 很多植物处于休眠期,正适合移栽和栽种

冬季的气候特征:
- 干燥
- 寒冷
- 有时有寒潮,突然的寒风会把花儿吹伤
- 春节过后进入早春,植物都开始恢复生长

冬季的种植要点:
- 冬季天气寒冷,虽然在冬天能够买到的很多花卉都是耐寒的,但是突如其来的寒潮还是可能造成很多植物的伤害。
- 冬天植物生长缓慢,不要急于求成。
- 冬天的病虫害相对较少,但是如果为了保温长期不开窗,会发生灰霉病、白粉病。
- 冬季适合很多植物的翻盆和移栽,趁着天冷的时候完成这些工作吧!

盆花选择的要点

花

花刚刚开始开放，还有较多花苞的植物更持久。

叶子

健康油亮，没有病虫害。特别注意要翻过叶子来看看，多数害虫都潜藏在叶子背面哦。

植株

选择株型端正，均衡的花苗，大多数花市的盆花要想回家来再矫正株型都十分困难了。

土

检查盆土表面是否干净，没有杂草和青苔、发霉的叶子等。清洁的花苗证明它来自优秀的苗圃，更健康。

A Vineyard
since 1882

根部

翻过花盆来，看看根系会不会太多或太少。过分盘根或是摇摇晃晃没扎稳根的植物都不好。

优质盆花的株型和长相是：矮壮丰满，叶片舒展、浓绿，分枝多而坚挺，花茎粗壮，花序紧凑。

冬季盆花种植的准备

花市里买到的花通常是种在营养钵或是比较简陋的育苗盆里。拿回家我们需要为它们换盆，或是套上一个套盆来欣赏。更高级的还可以利用花市的盆花制作组合！

套盆

套盆可以是塑料的，也可以是草编、金属或是陶瓷的，下面一般没有孔，浇水时不会漏出来，可以保持环境的清洁，

花盆

花盆有塑料的，也有陶的，瓷的。一般来说陶盆透气、对需要干燥的植物有利，塑料盆和瓷盆保水，对需要水分的植物有利。

条盆

除了普通的圆形花盆，还有长条形的条盆，条盆适合种植数棵植物，也可以用作组合盆栽，还可以播种育苗，种植蔬菜，可谓用途多多。

套盆怎么用？

套盆下面没有孔或是可以堵上，容易保持卫生，要注意套盆里一直积水会导致植物烂根，浇水后我们要把套盆的水倒出来。

种植的工具

水壶

　　用来给植物浇水的小水壶，可以是专用的水壶，也可以用矿泉水瓶或饮料瓶来代替。

喷壶

　　用来给植物喷药或清洗叶子的喷壶，有各种尺寸，选择自己适合的就可以了！

花铲

　　种植时加土、拌土和挖土用的产子，可以准备大小各一把。

花剪

　　为植物修剪残花用的剪刀。还可以准备一把修剪用的修枝剪。

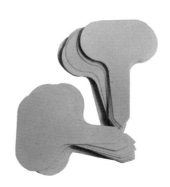

标签

　　写上植物活品种的名字，免得事后遗忘。

土 肥 药

营养土

在花市里可以买到各种营养土，通常成分是泥炭、椰糠、珍珠岩、蛭石。重量轻，透气和保水性都不错，家庭养花推荐使用营养土。也可以自己购买相应的材料配制营养土。

园土

农田或花园里的泥土，常常含有杂菌、虫卵等，用来在城市里种花并不是特别适合。如果觉得营养土太轻或太不容易保水，可以准备一些掺加到营养土里。一般用量是 1/3 到 1/4。

底石

放在花盆底部的透气石块，可以是大颗粒的陶粒或是轻石，也可以用小石头或是碎瓦片。

有机肥

骨粉　补充氮磷钾中的磷和钾元素，有利于开花和根系成长。

饼肥　补充氮磷钾中的氮元素，有利于育苗和叶子生长。

家庭种花不可缺少肥料，肥料分为有机肥和化肥，有机肥环保，持久，有利于构造健康的土壤和整体环境。化肥则见效快，使用方便，没有异味。可以根据自己的需求选择。

化肥

缓释肥　有一层包膜的化肥，通常复合了各种元素，释放期也不同。适合用作底肥。

水溶肥　直接喷施或浇灌的肥料，见效快。有壮苗的氮肥和开花的磷肥，以及全生长期可用的均衡肥。

药

杀虫剂　吡虫啉，阿维菌素，生物性的苦参碱等。

杀菌剂　百菌清、多菌灵等，可以用于各种细菌疾病和消毒。

种植报春花

报春花有很多种，这种四季报春花皮实、花期长，还可以稍微耐寒，非常适合新手。

四季报春花可以耐受一定程度的寒冷，长江流域的冬天就可以放在阳台的朝南处，让它晒到阳光，就会不断开花。

1 脱盆 ↑

把花市买来的报春花脱盆

2 根系 ↑

可以看到根系已经长满

3 松散 ↑

用手小心的掰开一部分根系，让盘卷的根系松散

4 入盆 ↑

将报春花苗放到花盆正中央

5 加土 ↓

抬起叶子，向盆中加土

6 加肥按压 ↑

加一些缓释肥,轻轻把土
按压踏实

7 完成 ↓

完成

8 浇水 ↑

充分浇水，直到底部有水流出

修剪残花

报春花的花期很长，中途会不断出现开残的花枝，修剪掉这些花枝，基部会冒出新的花头。

修剪残花的作用

* 避免结种子，浪费营养。

* 促进通风。

* 使阳光能顺利照到基部新生的花芽。

* 防止残花发霉腐烂。

1 开残 ↓

部分开残的报春花

2 修剪 ←

检查全株，找到需要修剪的枝条。四季报春花开残的标志是花瓣发白卷曲

3 修剪 →

掀开叶子，从根部修剪开残的花枝

4 修剪 ←

修剪掉所有开残的花枝

5 剪掉 →

剪掉的残花

6 完成 ←

完成，重新变得干净
清爽的报春花

为长寿花套盆

从花市买到第一盆花，拿回家后应该怎么处理呢？通常的方法有两种，放在套盆里观赏，或者立刻移栽。

1 套盆 ←

长寿花的花苗通常是当年春季或秋季扦插长成的，因为长寿花皮实、耐旱，但是不耐寒，所以我们可以用套盆把它套起来放在室内窗旁欣赏

2 套盆 ↑

套盆选择太大，植物的土表部分完全被套在里面，不容易透气，就会发生灰霉病等问题

3 套盆 ←

这样大小的花盆是恰好的。把长寿花连盆放进套盆，就完成了

4 套盆 →

长寿花如果花头太多，也容易闷闭不透气，而且显得头重脚轻，可以稍微修掉一些花头，帮助植株改善通风

种植邮购的花苗

　　除了花市可以买到漂亮的开花苗，有时在网店也也可以淘到不少好的小苗。例如每年秋冬季就有很多网店出售各式各样的天竺葵小苗，天竺葵成长快、从小苗开始最快 1 个多月就能开花。

　　网购的小苗在运输途中有时会缺水、闷闭或碰伤，所以拿到花苗后就赶快种植吧。

网店选购的要诀

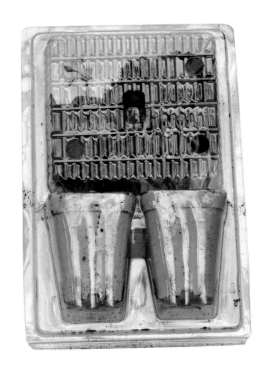

选择

选择花友中口碑好的网店。——花友的建议通常是最直接的！

购买

购买前问问卖家，询问养护知识。——专业的卖家，苗苗也会比较健康。

收货

收到货后及时种植。——买花的同时买好盆子，土和工具哦！

网购小苗的种植方法

天竺葵不耐寒，冬天适合放在室内有阳光的窗旁，过不多久，美丽的花儿就可以开放欣赏了。

1 小苗 ➡

网购的天竺葵小苗，种植在 8 厘米的小黑方盆里

2 准备 ⬆

准备一个 12 厘米的花盆，加底石和土，大约到花盆的 1/3

3 脱盆 ➡

把小苗脱盆

4 入盆 ⬅

放入花盆中间

5 加土

加土，直到盖住小苗的原土

6 加肥

放入缓释肥

7 加土

继续加土，到接近盆口

8 完成

完成，浇水

PART 2

 年宵花

顾名思义是为了迎接元旦、春节等新春节日而上市的花卉，大多数年宵花色泽艳丽，花朵醒目，充满了喜庆色彩。是非常适合摆放在家庭中作为增添节日气氛的盆花。不过有的年宵花来自南方，或是经由温室催花而成，拿回没有加温的普通家庭环境容易受冻，要注意管理。

传统水仙花
Narcissus tazetta

别名：凌波仙子、金盏银台
科属：石蒜科水仙属
原产地：以伊比利亚半岛为中心的地中海沿岸地区
生长习性：喜好冷凉，不耐炎热，能耐受北方的寒冷

速查小卡片

所需日照：⛅⛅
所需水分：◊◊
耐寒性：❄❄❄
耐热性：☼☼
栽培难度：★

传统水仙花

　　自古以来，水仙花便是国人最为熟悉不过的花卉。然而大多数的人都不知道其实花市上最常见看到的水仙花其实是原产地中海沿岸的多花水仙的一个变种，又称为中国水仙。

生长特性

　　水仙为秋植球根类温室花卉，喜阳光充足，生命力顽强，能耐半阴，不耐寒。7~8月份落叶休眠，在休眠期鳞茎的生长点部分进行花芽分化，具秋冬生长，早春开花，夏季休眠的生理特性。

浇水要点

　　对于土培的水仙，浇水不应过于频繁，泥土过于潮湿会导致球根腐烂。当发现土壤干燥时，应充分浇水。水培的水仙只需2~3天换水1次。

种植用土

　　盆栽或地栽用普通的园土来种植即可。但国内家庭种植大部分以水培为主。

环境地点

　　水仙喜光、喜水、喜肥，适于温暖、湿润的气候条件，喜肥沃的沙质土壤。生长前期喜凉爽、中期稍耐寒、后期喜温暖。因此要求冬季无严寒夏季无酷暑，春秋季多雨的气候环境。阳台或庭院的全日照处。为了避免花蕾枯萎，水培水仙的日照应不少于6小时，放于室内时还应注意室内通风。

肥料管理

　　水仙的养分主要存储在球根内，因此土培水仙日常不需要施肥，在开花前可以追施2~3次液体肥料。水培水仙则不需要施肥，只要更换清水即可。

病虫害

　　水仙主要病虫害有大褐斑病、叶枯病等，主要感染水仙的叶和茎。日常管理时可定期喷洒药剂预防，将盆栽摆放在光照和通风良好的地方。

日常管理

　　水仙几乎不需要特别养护，日常管理十分简单。对于盆栽的水仙，为了保持观赏性，应按照花朵枯萎的顺序依次摘除残花。

繁殖方法

　　南方秋季，北方早春分球繁殖。一般在水培的水仙不能繁殖。

购买方法

在花市里秋冬季都能够买到水仙种球，也有很多是由商家已经剥皮处理过、浸泡在水里的水仙盆栽。水仙种球一般是在12月左右上市，春节期间是购买盆栽水仙的旺季，按照种球的花茎数，价格会有不同，推荐购买大、饱满的种球。中国水仙花形有重瓣和半重瓣的，花市里出售的中国水仙大多数是被称为"金盏玉台"的单瓣品种

中国水仙是多年生的球根植物，但在国内常被当作一年生来种植。主要花期从12月一直持续到次年3月。如果种植在土地里，生长期为秋季到初夏，进入夏季后就会休眠

圣诞红

Euphorbia pulcherrima

别名：一品红、圣诞花、圣诞红、
猩猩木
科属：大戟科大戟属
原产地：墨西哥山地
生长习性：喜温暖、湿润的环境

速查小卡片

所需日照：🌣🌣
所需水分：💧💧
耐寒性：❄
耐热性：☼
栽培难度3：★★★
用途：观赏

圣诞红

圣诞红是由原产于墨西哥山地的大戟改良得到的园艺品种。原生种的品种具有一定的耐寒性，但园艺品种则耐寒性较差，通常被作为一年生植物来种植。一品红的红色或白色部分经常被人误认为是花瓣，但事实上是它的苞片，真正的花朵是苞片中心的黄色部分。

生长特性

圣诞红喜阳，向光性强，全年应得到充足的光照，否则容易徒长，影响苞片变色和花芽分化。冬季购买的盆栽一品红适合放在室内有阳光的窗台边。如果室内温度无法保持在10℃以上则需要开暖气。如果窗边或玄关经常有冷风吹入，可以在晚上拉起窗帘或是搬离窗口。

圣诞红花期过后一般都会丢弃，但是如果想尝试继续培育它，也可以在3~5月修剪根系并换盆，在换盆的同时也修剪株型，并搬到室外阳光良好的地方管理。

浇水

圣诞红耐寒性强，不耐涝，因此不要过度浇水，保持盆土稍微干燥即可。冬季泥土过湿会导致叶子枯萎，这种寒冷的情况下应暂停浇水，把盆栽搬到温暖的场所。2~5月是新芽生长的生长期，浇水要防止过干过湿，可以稍微保持盆土干燥。

种植用土

喜富含有机物、排水性和保湿性好的泥土。可以按6份泥炭、4份腐叶土的比例，加入含磷较多的缓释肥调配。

环境地点

喜温暖的环境，不耐寒。北方地区只能盆栽种植观赏，冬天应搬入室内种植。

肥料

5~7月可以每月施加1~2次含磷较高的液体肥，8~10月可以施加缓释肥。

病虫害

全年都会发生白粉虱的虫害，特别是放在室内管理时，应保持良好的通风。

圣诞红在初冬上市，因为花型酷似圣诞装饰的星星，花期持久，所以买来作为庆祝圣诞节和元旦的花卉。圣诞红的复花并不容易，在开完后一般是丢弃处理，也可留作观叶。

选购一品红，要注意观察以下事项：

1. 是否植株均匀端正，一品红在出售时基本已经生长成型，株型不好就不太可能改善。

2. 查看植株状态，特别要看叶子反面是否有病虫害。

3. 带有完整标签的植物可以更加方便种植时参考，也表示植物来自专业的栽培苗圃。

金雀儿

Cytisus scoparius

科属：豆科金雀儿属
原产地：地中海区域
习性：落叶灌木或小乔木
生长特性：喜光、耐寒、耐干
旱瘠薄

速查小卡片

所需日照：⛅⛅⛅
所需水分：💧💧
耐寒性：❄❄
耐热性：☀☀☀
栽培难度：★★
用途：观赏、药用

金雀儿

在金雀儿的花季，成簇金黄色的花朵挤满枝头，热情奔放，远远望去，只见金黄一片，具有很强的观赏性，它的外观精致小巧，细小的复叶泛着独特的银绿色光泽，深受大众的喜欢。

生长特性

宜阳光充足的环境，耐干旱和瘠薄，但畏水湿和过于荫蔽环境。其萌发力很强，生长迅速，在生长季节要经常摘心，这样不仅能使叶片细小，而且还能多孕蕾、多开花。

浇水要点

浇水掌握"不干不浇，浇则浇透"的原则。

种植用土

宜用中等肥力,排水良好的沙质土壤。

环境地点

阳光充足、空气流通的庭院、阳台。

肥料管理

冬季休眠期可施一次液肥;春季开花前浇一次液肥，可延长花期;花开后，再施一次追肥，催使其枝叶生长，平时适量施以薄肥即可。

病虫害

病虫害极少，无需特别防治。

日常管理

金雀儿不怕晒，即便盛夏也不必遮阴。但水大会沤根，施肥过多会使叶片过大，影响观赏，所以养护中一般无需多施肥。春、秋季要进行适当修剪，冬季放在室内冷凉处或室外避风向阳处越冬。

繁殖方法

播种或分株繁殖。

购买方法

花市购买。选择叶片健康、株行饱满的植株。

松红梅

Leptospermum scoparium

别名：澳洲茶、松叶牡丹
科属：桃金娘科薄子木属
原产地：澳洲、新西兰
生长习性：喜凉爽湿润的环境

速查小卡片

所需日照：⛅⛅
所需水分：💧💧💧
耐寒性：❄
耐热性：☼
栽培难度：★★★
用途：观赏

松 红 梅

来自澳洲的娇客松红梅，虽然名字中带梅字，但跟中国梅花没有血缘关系，因叶似松叶、花似红梅而得名。

生长特性

喜光照，不耐寒，冬季购买的松红梅应放在室内窗边等能照射到阳光的地方。温暖地区可以种植在没有霜降朝南的阳台。夏季应放在光照和通风良好的地方，但应避免暴晒。

浇水

松红梅不耐涝，等到盆土表面干燥后再充分浇水。土壤过干会导致落叶，长期过湿则容易烂根。

种植用土

喜富含有机物、排水性和保湿性好的弱酸性泥土。可以按 6 份泥炭、4 份腐叶土的比例，加入缓释肥调配。

环境地点

喜凉爽湿润的环境。北方地区只能盆栽种植观赏。

肥料

新芽生长期间可以每月施加 1~2 次的液体肥。

病虫害

几乎没有病虫害。

日常管理

修剪：花期过后修剪掉 1/3~1/2 的高度即可。株型较小时可以打顶，促进分枝。不可修剪过重，否则留下的老枝条上将不会再长出新芽。

繁殖方法

家庭不容易繁殖。

购买方法

推荐直接在花市上购买
成品花苗。选择株型饱
满,分枝多花苞多的花
苗,等到花期就能欣赏
到满树的红色、粉色、
桃红、白色的花。品种
有单瓣、重瓣之分

特性

常绿小灌木,枝条
纤细呈红褐色,新
梢被绒毛,叶互生,
叶片为线状或针状。
株高30~400厘米,
一般家庭养护下能
到1~2米

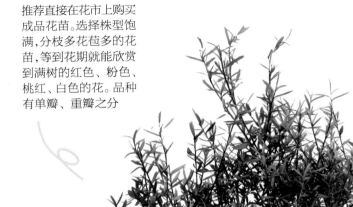

种植松红梅

花市里买来的松红梅通常是种植在比较小型的花钵里，拿回家后应该立刻换盆。

1 查看 ↓

花市买回的松红梅盆栽通常根系已经爆满

2 脱盆 ↑

用剪子剪开营养钵

3 取出 ↑

小心取出整个根团

4 剪根团 ↑

用剪子在根团上剪开四个口

5 梳根 ↑

用手轻轻耙梳根系，弄散但不要弄伤

6 入盆 ←

将松散好根系的松红梅放入准备好的花盆

7 加泥 ↑

加入泥土

8 按压 ←

稍微按压泥土表面

9 浇水 →

为种好的松红梅浇水

10 ←

完成

* 松红梅的根系细，对肥料也比较敏感，等待过几个星期根系恢复好后再添加缓释肥料比较合适

松红梅有很多品种，除了常见的粉红色，还有艳丽的深红色等，除了当作年宵花摆设观赏，在花园里可以用作背景花卉。

倒挂金钟

Fuchsia hybrida

别名：吊钟海棠、吊钟花、灯笼花

科属：柳叶菜科倒挂金钟属

原产地：主要是拉丁美洲和西印度群岛，新西兰和塔希提岛也有

生长习性：喜凉爽、湿润的环境

速查小卡片

所需日照：

所需水分：

耐寒性：

耐热性：

栽培难度：★★★

用途：观赏

倒挂金钟

倒挂金钟向下绽放的优雅花朵，在国外被称为"贵妇人的耳环"。花型有单瓣和重瓣型，花朵直径从 1~8cm 等各种不同的品种。大多数的园艺品种是由欧洲培育的，因此在炎热地区很难过夏。一般，单瓣的小花型品种比重瓣的大花型品种更耐热。

对于一般家庭种植而言，及早购买花苗，在冬季和春季细心呵护并欣赏它的美丽花姿吧。

生长特性

春季放置在光照和通风良好的场所，夏季则放在凉爽通风的半阴环境。由于是长日照植物，如果光照达不到每天 12 小时以上则会影响开花，可以晚上用荧光灯补光来促进开花。冬季霜降后放入室内，放置在光线良好的温暖场所。

浇水

盆土干燥时，应充分浇水直到有水从盆底流出。夏季浇水特别重要，应在凉爽的中午之前浇水。如果要降低植株的温度，可以在傍晚用水喷洒在花盆周围和叶子上，通过汽化作用带走热量。夏季和冬季浇水不宜过湿。

种植用土

倒挂金钟不耐涝，应选用排水良好的介质。一般使用市面上专用的草花培养土 8 份和小粒珍珠岩 2 份的比例调配即可。

肥料

除了冬季和夏季之外，在旺盛的生长期间都可以施加固体缓释肥和液体肥。衰弱的植株应停止施肥。

病虫害

高湿度和冬季低温的环境会引发灰霉病。保持良好的通风，及时摘除和清理残花残叶能起到预防的作用。

温室白粉虱全年都会发生。白粉虱的排泄物不仅会污染叶子，同时也会引发真菌病害，比如煤烟病等，导致叶子变黑。此外，高温干燥期间也会发生红蜘蛛，叶子会变白失去光泽。

日常管理

土壤介质使用久了之后排水性会变差，影响根系的生长。4 月至 6 月中旬或 9 月中旬左右，抖落根系周围的旧土并替换种植上新的介质，种植在大一号的花盆内。

繁殖方法

通过扦插的方式繁殖。春季或秋季，剪取嫩的枝条，扦插在小颗粒赤玉土和泥炭的混合介质中。由于小苗比成苗耐高温，因此推荐 5 月左右的时候进行扦插。

购买方法

每到元旦左右，花卉市场就可以买到带花苞的倒挂金钟了。颜色丰富、色彩娇嫩，非常招人喜爱。

购买时要挑选分枝多、花苞饱满的植株。冬季购买后放在室内通风温暖的地方，这样可以一直不停开花到春季

特性

多年生半灌木，大多数品种株高0.3~1.5米。茎直立、分枝多，叶对生，呈卵形，被短柔毛。花梗纤细，花朵下垂，花管呈筒状

月桂

Laurus nobilis

别名：月桂树、桂冠树、甜月桂、
月桂冠
科属：樟科月桂属
原产地：地中海及小亚细亚一带
习性：常绿小乔木或灌木
生长特性：喜光，稍耐阴。喜温
暖湿、润气候，也耐短期低温

速查小卡片

所需日照：⛅⛅⛅
所需水分：💧💧
耐寒性：❄❄
耐热性：☼☼☼
栽培难度：★★
用途：观赏、药用、食用

月　桂

　　月桂的拉丁字源 Laudis 意为"赞美"，罗马人视之为智能、护卫与和平的象征。所以在奥林匹克竞赛中获胜的人，都会受赠一顶月桂编成的头环，而"桂冠诗人"的意象，也正是由这个典故衍生出来的。人们也常将月桂树与医疗之神阿波罗联想在一起。

生长特性

　　月桂喜温暖湿润气候，喜光，亦较耐荫，稍耐寒，可耐短时 -8℃~-6℃低温。耐干旱，怕水涝。适生于土层深厚，排水良好的肥沃湿润的沙质壤土，不耐盐碱，萌生力强，耐修剪。

浇水要点

　　春季 2~3 天浇水一次，夏季每天浇水一次，冬季每隔 10 天左右在晴朗的中午浇水一次。开花期间不能浇大水，防止落蕾。阴雨天要及时排水，以防积水烂根。平时以保持盆土50%左右含水量为宜。

种植用土

　　宜深厚、肥沃、排水良好的壤土或沙壤土。不耐盐碱，怕涝。

环境地点

　　阳光充足、洁净通风的庭院、建筑物前栽植。

肥料管理

　　春季半月施肥一次，夏季高温时节适当减少，开花期间注意追肥。月桂喜酸性肥料，千万不要施含碱性的肥料。

病虫害

　　主要病害有黄化病，可喷波尔多液防治；4~10 月易感染褐斑病；高温、高湿、通风不良的环境易感染枯斑病；4~6 月易感染炭疽病。可用 50%多菌灵可湿性粉剂或 50%苯来特可湿性粉剂 1 000~1 500倍液防治。

　　主要虫害有红蜡蚧、大蓑蛾，可用80%敌敌畏 1 000 倍液喷洒防治。

日常管理

　　月桂萌发力强，需适当进行修剪和整形。修剪宜在晚秋进行，留下健壮的枝条，以利来年花繁叶茂。

繁殖方法

　　主要以扦插繁殖为主，也可播种、分株。

购买方法

　　可在花市或网店选购造型饱满，叶片光泽的植株。

紫金牛

Ardisia japonica(Thunb)Blume

别名：小青
科属：紫金牛科紫金牛属
原产地：中国、朝鲜
习性：小灌木
生长特性：喜温暖、湿润环境、
喜荫蔽、忌阳光直射

速查小卡片

所需日照：⛅
所需水分：💧💧
耐寒性：❄
耐热性：☀
栽培难度：★★
用途：观赏

紫金牛

紫金牛为小灌木或亚灌木，枝叶常绿，冬季里小果鲜红，经久不凋，十分可爱。因为颜色艳丽喜庆，常常作为节庆花卉摆放。

生长特性

紫金牛多生长在冬暖夏凉、湿润多雾、半阴半阳的地方，盆栽宜放在半阴处，地栽的话宜在选疏松、肥沃、湿润、日照不强、有遮蔽的乔灌木下栽植。

浇水要点

紫金牛怕阳光直射和土壤干燥，所以在炎热的夏季要注意遮阴和浇水。盆栽的话，浇水掌握"见干见湿"的原则，地栽则不必经常浇水，但要注意土壤不可过干。

种植用土

适宜栽培于排水良好的肥沃、疏松土壤。

环境地点

稍有遮阴的阳台或者庭院。

肥料管理

定植时加入底肥，生长期间每 2~3个月施肥1次。开花后增施1~2次磷钾肥。

病虫害

常有叶斑病、根癌病和根疣线虫病危害，可用波尔多液喷洒，虫害主要有介壳虫，早发现早喷药治疗。

日常管理

紫金牛生长适温为15℃~25℃，忌高温潮湿，平地栽培夏季需阴凉通风越夏，冬季减少浇水量，放室内阳光充足处越冬。果后修剪整枝，若植株老化则重剪。

繁殖方法

春季分根（株）繁殖、播种。

购买方法

春节期间在花市有售，选择株型端正，健康的植株。

PART 3

 温室花卉

温室花卉是适合在室内、封闭阳台、阳光房等温暖的环境下生长的花卉，它们一般不能耐受零度以下的低温。要注意温室花卉长期处于封闭环境容易发生病虫害，所以在晴暖的中午要适当开窗户，为它们透气。

洋桔梗

Eustoma grandiflorum (Raf.) Shinners

别名：草原龙胆
科属：龙胆科草原龙胆属
原产地：美国南部至墨西哥之间的石灰岩地带
习性：多年生宿根草本
生长特性：喜温暖、湿润和阳光充足的地方。较耐寒，不耐水湿
入手方法：播种、扦插、购苗

速查小卡片

所需日照：
所需水分：
耐寒性：❄❄
耐热性：☼☼
栽培难度：★★
用途：观赏

洋桔梗

洋桔梗株高 0.3~1 米，茎直立，叶对生，呈阔椭圆形至披针形，没有叶柄，叶基微抱茎，叶子表面是蓝绿色。雌蕊和雄蕊的区别很大，苞片是披针形的，花色丰富，有单色和复色之分，花瓣有单瓣和双瓣之分。

生长特性

洋桔梗喜欢凉爽、湿润和阳光充足的环境。不耐寒，忌积水和怕强光。生长适温 15℃~28℃，冬季温度不低于 5℃~7℃，怕高温，超过 30℃花期明显缩短。对光照反应敏感，光照充足、日照时间长，有助于茎叶生长和花芽形成。

浇水要点

洋桔梗对水分的要求严格，过多的水分会引起根部生长不良，也容易侵染病害；过少的水分会使茎叶细弱，提早开花。

种植用土

选用富含腐殖质的微酸性土壤，要求疏松肥沃、排水良好，pH 6.5~7.0 为宜，切忌连作。

环境地点

阳光充足、通风良好的室外庭院或阳台。

肥料管理

洋桔梗属于需肥量较高的植物，除基本元素外，还要求土壤中保证有较多的钙，同时要保持适当高的土壤 pH 值，以利于钙、锌等元素的吸收。通常在生长期每半个月施肥 1 次，施肥以 N：P：K ＝2.5：2：2.5 为宜。在花苞形成时期，以补充硝酸钾为主。

病虫害

病害主要有茎枯病、根腐病，在高温高湿的环境中容易引发。平时养殖注意加强通风，降低种植密度可预防，发病时可喷洒波尔多液、甲基托布津或多菌灵。

虫害主要有蚜虫、卷叶蛾。养殖时注意经常通风，透光，发现病株需要及时拔除，并且销毁，防治虫害继续扩散。

日常管理

洋桔梗对光照反应较敏感，长日照会促进其茎叶生长和花芽的形成，一般以每天 16 小时的光照效果最好。在冬春交际之时，要注意夜晚防风保温，白天通风降温，可保持株型高度一致。盆栽要注意适当摘心促进植株分枝，才能花繁叶茂。花谢后摘除残花，将花株剪至1/3处，促使侧芽生长，秋季会再度开花。

特性

洋桔梗喜欢温暖、光线充足的环境，生长适温为15~25℃，较耐高温。对水分敏感，喜湿润，但过量的水分对根部生长不利，易烂根死亡。洋桔梗开花需经过一段低温期，在高温阶段开花，自然花期为5~7月

购买方法

选购矮壮、叶片完整、绿色带微蓝、叶脉清晰的植株。如有花茎，选择花茎挺拔，花朵已有50%开放，花瓣光亮，花色鲜艳，斑纹清晰者。不要购买植株过高，叶片、花茎黄化，叶子和花瓣萎蔫的盆栽

洋桔梗株态典雅，色调清新淡雅。可用于点缀居室、窗台，呈现浓厚的欧式情调。若剪下几支紫色的洋桔梗为主花，配上白色百合花和柳枝，插入竹篮，如诗如画，令人陶醉

洋桔梗有非常多的品种，特别是作为一个著名的切花花卉，它有很多美轮美奂的切花品种。栽培切花洋桔梗需要一定的环境条件和经验，在家庭条件下，还是以种植盆花品种为简单

挑选洋桔梗的方法

1 查看植株 ↓

查看植物状态，是否
有缺水等问题

2 查看盆土 ↗

查看花盆，在靠近盆土
处是否有发霉和黄叶

3 观察 ↑

从上面观察整个植株，
是否端正均匀

4 选择 →

选择刚开始开放有较
多花蕾的植物

天竺葵

Pelargonium hortorum Bailey

别名：洋绣球
科属：牻牛儿苗科天竺葵属
原产地：南非
习性：多年生草本
生长特性：喜冬暖夏凉
入手方法：购苗、扦插、播种

速查小卡片

所需日照：☼☼
所需水分：◌◌
耐寒性：❋
耐热性：☼
栽培难度：★★
用途：观赏

天竺葵

天竺葵为多年生草本，适应性强，花期长，若在光照良好的空调环境下，可全年开花。株高30~60厘米，叶片肾形，直径3~7厘米，边缘波状浅裂，具圆形齿，光照强烈时，表面叶缘以内有暗红色马蹄形环纹，伞形花序，花色有红、白、橙、紫等。

生长特性

天竺葵喜冬暖夏凉的环境，10~20℃最为适宜。天竺葵生长期需要充足的阳光，夏季万万不能曝晒，注意遮荫，冬季把它放在向阳处。

浇水要点

天竺葵喜干燥，盆土干透浇透，太干容易黄叶枯叶，浇水过多则会造成枝节徒长，影响株形。

种植用土

适宜栽培于排水良好的疏松土壤。

环境地点

采光良好的阳台或者庭院。

肥料管理

不喜大肥，肥料过多会使天竺葵生长过旺不利开花。

病虫害

天竺葵因有特殊香气，注意通风则甚少有病虫害。

日常管理

天竺葵是比较强健的植物，在生长期请保证充足光照，光照不足会引起枝条徒长，不能开花或少开花。夏季遮荫通风，冬季放入暖棚或拿入室内保暖。浇水不能太频繁，否则容易烂根。

繁殖方法

春秋季扦插、播种繁殖。

购买方法

春秋季，花市都有天竺葵供应，普通小盆价格较低，大盆或珍稀品种天竺葵的价格则相应昂贵，天竺葵花朵硕大，花色多种多样，选购时要挑选矮壮、分枝多的植株。如果喜欢较新的品种和花色，也可以选择网购种苗和种子

特 性

天竺葵幼株为肉质草本，老株半木质化，虽为多年生草本，通常作一二年生花卉栽培所以，可在春秋季扦插枝条，保证一直拥有健壮的植株。花朵有单瓣重瓣之分，还有白、黄、紫色斑纹的彩叶品种。花期为春秋季，除盛夏休眠，如环境适宜可不断开花

天竺葵有很多品种，从株型而言，有直立天竺葵，垂吊天竺葵，半垂吊天竺葵。还有一类以观叶为主，如金边天竺葵、银边天竺葵、枫叶天竺葵。比较罕见的有"天使之眼"等，叶片和花朵小巧而迷人，花色非常可爱，只是相当怕热，需要加倍呵护才能展现完美身姿

天竺葵少病虫害，耐旱性强，是非常好的组合盆栽品种。不过天竺葵不耐寒，让它大显身手的时候还是在开春以后。冬季在室内养护的天竺葵，当气温升到 10℃以上就可以拿到户外做组合了

蕙兰

Cymbidium faberi

别名：大花蕙兰
科属：兰科蕙兰属
原产地：亚洲、大洋洲
生长习性：喜湿润的环境
入手方法：分株

速查小卡片

所需日照：⛅⛅
所需水分：💧💧💧
耐寒性：❄
耐热性：☼ ☼ ☼
栽培难度：★
用途：观赏、药用

蕙 兰

在春节期间的花市上，蕙兰一直是热门的元宵花卉之一。蕙兰的叶子大而伸展，品种有直立型和垂吊型等。大多数的蕙兰花茎直立，会像拱门一样弯曲开花，然而最近向下垂吊开花的品种也渐渐受到人们的喜爱。购买蕙兰时要挑选假鳞茎厚且富有光泽、花苞色彩艳丽、筋纹细长的。

浇水要点

大量的水分和湿度对根系的生长十分必要。蕙兰春季出芽到秋季假鳞茎增大的期间，一旦干燥就必须浇水。特别是夏季需要每天充分浇水，秋季到冬季期间则每周浇 1~2 次，出现了花蕾之后也应渐渐增加浇水的次数，切勿断水。

种植用土

将混合堆肥（树皮和蛭石的混合物）和树皮，或者水苔和树皮的混合物放入塑料盆或陶盆中种植。小苗可以选用小颗粒的介质，大苗的话可以使用中型大小的介质。使用土质的介质种植的话，一开始没问题，但时间久了根系容易腐烂，因此不能使用。

环境地点

喜湿润、喜冬季温暖夏季凉爽的环境。

肥料

春季到盛夏期间，每月定期添加固体的有机肥。如果使用的是长效的缓释肥，则只需在春季添加一次即可。另外，也可以配合液体肥一起使用，9月下旬后每周施加一次液体肥。

病虫害

疫病是叶子上出现不规则的黑色斑点并停止开花。由于疫病无法治愈，因此爆发后只能丢弃处理。早期发现时要避免感染到周围其他的植株。

孕蕾的时期容易长蚜虫。此外，植株拥挤的时候叶子里面也会长介壳虫，因此需将蕙兰摆放在通风良好的地方。

日常管理

移栽适合在春季的 4 月左右进行。每隔 2 年更换 1 次。移栽时，2 年后的蕙兰要选择小一些的盆子。要注意如果移栽晚了，会影响到当年的发育，这也是次年不开花的原因之一。

繁殖方法

通常、假鳞茎隔膜数增大长出新芽的时候就可以通过分株来繁殖。适合在换盆的 4 月左右进行。如果不分株的话可能长为巨大株。

露薇花

Lewisia cotyledon

别名：琉维草
科属：马齿苋科露薇花属
原产地：北美西北部到西南部
生长习性：喜温暖、湿润的环境

速查小卡片

所需日照：
所需水分：
耐寒性：❈ ❈
耐热性：☼
栽培难度：★★★
用途：观赏

露薇花

露薇花有着和多肉植物相像的叶形，其原生品种多生长于北美落基山脉西北部到加利福尼亚的岩石地区，有常绿性和夏季落叶休眠性的品种，如同多肉植物坚硬肉质的叶子会像莲座一般生长，花芽会从叶子的根部长出，粉紫色的细长花茎会开出可爱的花朵。待到地下茎长壮之后，花茎会直立并木质化。

生长特性

露薇花喜阳，适合种植在通风良好的环境下。非常不耐酷暑，夏季需遮光30%~50%。同时冬季的寒风也容易吹干它的新芽，导致叶片脱水干枯，可放在室内或能躲避寒风的地方。

浇水

不耐涝和多湿的环境。在较长的雨季期间（比如梅雨季）需要控水，保持土壤稍微干燥。特别是在夏季，要注意避免露薇花莲花形的中心有积水或碰伤。通常在干燥的暖房中1天浇1次水即可。

种植用土

盆栽适合用通气性和排水性好的土壤，花盆也推荐用容易干燥的陶盆。避免使用较浅的花盆，有一定深度的花盆可以避免泥土过湿。可以使用一般市面上销售的草花培养土即可，也可以按7份泥炭、3份腐叶土的比例来调配。

环境地点

春季喜湿润，夏季喜干燥的环境。北方地区只能盆栽种植观赏，冬季应室内种植。

肥料

在春季和秋季可以同时配合液体肥和缓释肥一起使用。在4月下旬至6月下旬、夏末的9月下旬至11月上旬的生长期间，每2周施加一次液体肥。春季和秋季可以各添加一次缓释肥，注意不要施过多的肥料引发叶子灼伤。

病虫害

平时要注意多湿的环境下容易发生软腐病和根腐病。此外，炎夏时期也应注意避免叶子被阳光灼伤。开花期间容易发生蚜虫的虫害。柔嫩的新芽也是容易被蛞蝓和地老虎啃食的部位。

日常管理

移栽和换盆适合在春季和秋季进行。市面上销售的露薇花都是用不保湿的介质种植的。购买后首先将原来的旧土抖落，修剪掉1/3左右盘结或者腐烂的老根系，然后用新土种植。种植的时候盆土要略低于花盆边缘，扶直花苗后逐渐加入泥土。每隔2年适宜换盆。

繁殖方法

播种：在寒冷地区容易结种子。此外也可以花市购买种子，在2月下旬至4月上旬期间播种，轻微的寒冷环境容易发芽。

分株：在母株上会分裂出子株。用干净的剪刀或刀片切下子株，种植到介质里。此繁殖方法简单且成活率高

购买方法

目前市面上冬季到春季都可以购买到盆花，可以直接在花市上购买成品花苗。选择株型饱满，花茎多的花苗

特性

多年生草本植物,株高10~30厘米。肉质根,基生莲座叶丛,叶片为全缘或波浪状

露薇花开花色彩艳丽,有粉色、桃红、橙色、紫色、白色等,无论是用来搭配还是造型都会显得华丽无比

露薇花可以单盆种植，也可以把几种颜色组合成大盆，还可以跟多肉植物在一起做组合

修剪残花

1 种子 ←

一部分花开过后，开始结种子

露薇花是花期很长的植物，通常可以从冬季开到春末夏初，中途出现残花就要摘除。

2 剪花枝 ↓

剪掉结种子的花枝

3 种荚 ↙

露薇花的种荚

4 剪残花 ↙

剪掉所有的残花

5 完成 →

变得干净利落

如果没有来得及给露薇花修剪残花,可能留下很多开残的枯枝,叶子也会因为不透气而变黄。这时就需要进行花后修剪。

1 修枯枝 ↑

修剪开过花的枯枝

2 剪枯枝 ←

从根部剪掉的整个枯枝

3 修剪 →

把枯枝全部修剪干净

4 剪黄叶 →

剪掉变黄的叶子

5 ←

中间的花苞就可以得到阳光和通透的空气了

6 ←

重新开花的露薇花

蝴蝶兰

Phalaenopsis aphrodite Rchb. F.

别名：蝶兰、台湾蝴蝶兰
科属：兰科蝴蝶兰属
原产地：亚热带雨林地区
习性：多年生草本植物
生长特性：喜暖畏寒
入手方法：购苗、分株

速查小卡片

所需日照：⛅
所需水分：◌◌
耐寒性：❀
耐热性：☼ ☼
栽培难度：★★
用途：观赏

蝴蝶兰

蝴蝶兰为附生性兰花，新春时节，蝴蝶兰植株从叶腋中抽出长长的花梗，并且开出形如蝴蝶飞舞般的花朵，深受花迷们的青睐，素有"洋兰王后"之称。

生长特性

本性喜暖畏寒，生长适温为 15～20℃，冬季 10℃以下就会停止生长，低于 5℃容易死亡。

浇水要点

蝴蝶兰新根生长旺盛期要多浇水，花后休眠期少浇水。春秋两季每天下午 5 时前后浇水一次。夏季植株生长旺盛，每天上午 9 时和下午 5 时各浇一次水。冬季光照弱、温度低，隔周浇水一次已足够，宜在上午 10 时前进行。如遇寒潮来袭，不宜浇水，保持干燥，待寒潮过后再恢复浇水。

种植用土

土壤以疏松透气的材料为佳。盆栽材料最好不选单纯表土或园土，而选用如水苔、树皮、树蕨根、碎砖瓦、椰子壳、纤维、陶粒等基质为宜，或直接把幼苗固定在木炭上，让其自行攀附生长，pH 6.5 左右。

环境地点

有明亮光线但又不是阳光直射的通风处。

肥料管理

在生长旺季，适当增加水肥，肥水宜淡不宜浓，少量多次，气温高于 32℃或低于 15℃时则不施肥。根肥和根外追肥交互施放。施肥水时，保持空气对流，以免根圈浸水太久，导致窒息现象，下午 4 时左右叶片仍有水滴存在时应强制通风。

病虫害

常见病虫害主要有软腐病、褐斑病、炭疽病、烟煤病、病毒病、介壳虫、红蜘蛛等。主要以预防为主，改良通风条件，合理控制放置密度。

日常管理

光照要适当，尤其在开花的时候，蝴蝶兰需要充足的光照，但是要避免被阳光直射。要注意通风，蝴蝶兰对于空气的质量也有相当高的要求，家养的蝴蝶兰一般要常通风，特别是在夏季，若温度高于 32℃，蝴蝶兰通常会进入半休眠状态，要避免持续高温。要适当遮荫，夏秋季遮荫 50%。

购买方法

选购叶片明亮、有光泽、厚实硬挺、花杆挺拔的植株

蝴蝶兰出生于热带雨林地区，是附生性兰花，以气生根附着于岩石或树干生长，从空气中吸收水分和养份。蝴蝶兰的学名按希腊文的原意为"好似蝴蝶般的兰花"。它能吸收空气中的养分而生存，归入气生兰范畴，可说是热带兰花中的一个大族

非洲堇

Saintpaulia ionantha

别名：非洲紫罗兰、非洲苦苣苔、非洲紫苣苔

科属：苦苣苔科非洲紫苣苔属

原产地：热带非洲东部山岳地带

生长习性：喜温暖、湿润、半阴的环境

速查小卡片

所需日照：⛅⛅

所需水分：💧💧

耐寒性：❄

耐热性：☀

栽培难度：★★★

用途：观赏

非洲堇

　　非洲堇在原产地非洲东部的山岳地带分布着 24 种原生品种。经过多年的人工杂交和改良后，其园艺品种多不可数，无论是花形、花色、叶形和株型都各不相同。由于用普通荧光灯照明就能培育，在狭小的地方也能种植，所以深受花友们的喜爱。

浇水要点

　　春季和秋季，当表土干燥时就要充分浇水直至有水从盆底流出。夏季高温休眠期间可以保持盆土稍微干燥。冬季室内温升后会生长茂盛，此时浇水方式和春秋季相同。避免放在 10℃以下的寒冷环境并保持稍微干燥。浇水时切勿直接浇在叶子上，叶子遇到寒冷的水后会长出斑点。

种植用土

　　适合选用泥炭、蛭石、珍珠岩等排水性好的土壤和富含有机物的泥调配而成的土壤。盆底铺满砾石，可以预防根系腐烂。

环境地点

　　喜温暖湿润的环境，忌高温，较耐阴。

肥料

　　除了盛夏和寒冬季节之外，从 9 月到次年的 5 月都可以施含磷较多的液体肥。按照规定用量的最小浓度、分多次施肥是种植的诀窍。10~11 月可以施缓释肥。

病虫害

　　灰霉病多发于 11 月至次年 7 月的花朵上。应及时摘除残花、叶子上和掉落在盆里的花瓣。全年都会出现蚜虫和红蜘蛛等虫害。

日常管理

　　每年补种或是移栽时都需要抖落全部的旧土。种植多年的植株可以半腰剪断、剪取的上半部分枝条可以用来扦插成新的植株。修剪后的植株底部会重新长出新芽，将整个植株换盆即可。当发现根系腐烂时，修剪掉腐烂的部分后，将剩余的部分在进行扦插。

繁殖方法

　　叶插适合在 3~5 月、8~9 月进行。选取健康饱满的枝条，从叶柄开始剪取 1~2 厘米长的叶子，插入到用泥炭、蛭石、珍珠岩等排水性好的土壤和富含有机物的泥调配而成的土壤。插入的深度为从叶子下部开始的 1/3 处左右。

购买方法

　　在花市上可以直接购买到成品。花色丰富，有红、白、紫、粉和复色等。植株小巧玲珑，是非常适合室内种植的花卉。

长寿花

Kalanchoe blossfeldiana

别名：圣诞长寿花、矮生伽蓝菜、寿星花、家乐花、伽蓝花

科属：景天科伽蓝菜属

原产地：南部非洲、东欧、阿拉伯半岛、东亚、东南亚

生长习性：喜温暖、通风的环境

速查小卡片

所需日照：⛅⛅

所需水分：💧💧

耐寒性：❄

耐热性：☀☀☀

栽培难度：★★

用途：观赏

长寿花

　　长寿花非常耐干旱，是最常见的多肉植物之一。长寿花深受人们喜爱的原因不仅在于它五彩缤纷的花色，其变化多样的美丽叶子形态也是极具观赏性的。株高10~50厘米。肉质根，基生莲座叶丛，叶片为全缘或波浪状。

生长特性

　　一般用盆栽种植,全年都需要充分的光照。6~10月可以摆放在室外淋不到雨的地方,11月至次年5月则放在室内光线良好的场所。长寿花需要短日照来促进花芽分化,秋分后,如果放在夜间有照明的地方则不容易开花。此外,宫灯品种的长寿花可以放在室外没有霜冻的地方种植,这样很容易长出花芽。

浇水

　　6~8月、12月至次年4月应保持泥土干燥。5月、9~11月一旦发现泥土表面干燥时就应充分浇水。长寿花非常耐干旱,不耐涝,应特别注意。

种植用土

　　除了可以使用市面上销售的多肉植物培养土之外,还可以按6份泥炭、3份腐叶土、1份蛭石的比例,加含磷较多的缓释肥混合制成。

环境地点

　　喜温暖稍湿润的环境。北方地区冬季应室内种植。

肥料

　　5~9月可以添加缓释肥,10~12月每月1~2次液体肥。

病虫害

　　白粉病通常在春季或秋季,通风不良的情况下发生,灰霉病则在低温多湿时发生。介壳虫通常发生在3~11月,通风不良的情况下。在发现的初期就应立即驱虫。

日常管理

　　适合在5~6月,9月期间移栽和换盆。市面上的花苗多用透气的介质种植,家庭种植时容易过于干燥而导致消蕾,可以用泥炭、蛭石等排水性好的介质代替。

购买方法

冬季花市上最有人气的花卉之一，可以在花市上买到经过短日照处理的成品花苗。选择株型大且饱满，花茎多的花苗

繁殖方法

扦插：每年的 4~7 月，9月是适合扦插的时期。选取 5~6 厘米稍成熟的茎条或是健康的叶片，插入到干净没有肥料的泥炭和蛭石种植

粉色品种

橙色品种

黄色品种

红色品种

长寿花的色彩鲜艳夺目，有红色、粉色、桃红、橙色、紫色、白色，单瓣和重瓣等品种

花后修剪

长寿花在花后应进行修剪，如果修剪得早，还可以开一茬花，修剪得晚，就可能只长枝条不开花，要到秋季日照变短后才会开花。

1 ←

修剪长寿花开过花的花枝

2 ↑

剪下来的花枝

3 ↖

修剪完的样子

4 ↖

2~3周，新芽就会从叶腋间冒出来

瓜叶菊

Pericallis hybrida

别名：富贵菊、黄瓜花、瓜叶
莲、千日莲
科属：菊科瓜叶菊属
原产地：大西洋加那利群岛
习性：多年生草本
生长特性：喜温暖、不耐高温、
怕霜冻
入手方法：播种、扦插、购苗

速查小卡片

所需日照：
所需水分：
耐寒性：
耐热性：
栽培难度：★★
用途：观赏

瓜叶菊

瓜叶菊分为高生种和矮生种，植株 20~90 厘米不等。全株被微毛，叶片大形如瓜叶，绿色光亮。瓜叶菊是元旦、春季期间的主要观赏盆花之一，它的花色多姿多彩，明艳动人，装饰在室内，绝对美艳动人。花期 1~4 月，盛花期在 2~3 月。

生长特性

瓜叶菊性喜温暖、湿润通风良好的环境。不耐高温，怕霜冻。生长适温 10~20℃，生长过程中温度的控制非常重要。一般白天不超过 20℃，夜间不低于 5℃，但小苗也能经受 1℃ 的低温。

浇水要点

保持盆土稍湿润，一般 3 天左右浇水 1 次，浇水浇透，同时保证空气湿度，叶面每天喷水 1 次。花蕾出现后控制浇水，忌排水不良。

种植用土

富含腐殖质且排水良好的沙质壤土，忌干旱，怕积水，适宜中性和微酸性土壤。

环境地点

通风良好的散射光处。

肥料管理

生长期薄肥勤施，注意不要把肥料喷洒到叶面上。花蕾期喷施开花肥，可促使花蕾强壮、花瓣肥大、花色艳丽、花香浓郁、花期延长。开花期停止施肥。

病虫害

主要病害为根腐病，注意通风降湿，增加光照，发病后的植株削去病部，敷上硫磺粉，换土重新栽植。

主要虫害为蚜虫和红蜘蛛，种植环境需保持适当的温度和湿度和良好的通风，在发病初期要及时把有虫害的植株分开，对有虫害的植株喷施少量农药。

日常管理

生长期要放在光照良好的温室内，每天日照时间保持 4 小时以上，才能保持花色艳丽、植株健壮。因瓜叶菊趋光性强，平时注意经常转换盆的方向，以使花冠株型规整。

繁殖方法

家庭不太容易繁殖，以购苗为主。

购买方法

挑选植株紧凑、叶片亮绿且不耷拉，花苞众多的盆栽

特性

瓜叶菊属短日照喜光花卉。充足的光照条件不仅能使植株冠丛整齐紧凑、花繁叶茂，同时可以增强抗病能力，减少病虫害发生

粉色品种

瓜叶菊有非常多的品种，每年都有新的品种推出。因为它是只开一季的植物，尽早选择心仪的品种吧

紫色品种

紫白相间品种

蓝色品种

PART 4

 耐寒冬花

这是传统意义上的冬季花卉，它们在没有加温和保护的条件下也可以安全过冬，并且开出美丽的花朵。对于耐寒冬花我们要注意不能过度溺爱，拿到加温的室内反而会让它们枯萎或生病。

金边瑞香

Daphne odora

别名：瑞香、睡香、露甲、风流树、蓬莱花
科属：瑞香科瑞香属
原产地：中国
生长习性：喜凉爽湿润的环境

速查小卡片

所需日照：
所需水分：
耐寒性：✾ ✾
耐热性：☼ ☼
栽培难度：★★
用途：观赏、药用

金边瑞香

金边瑞香是富有浓郁香气的常绿性灌木,是瑞香的一个园艺变种。外侧为紫红色,内侧为雪白的肉质花瓣,和深绿色的叶子十分相称。看起来如同花瓣的部分其实是由花萼演变过来的,真正的花瓣已经退化不见。能够忍受-5℃的严寒,南方地区可以地栽种植。由于移栽困难,因此一定要选择好合适的场地。

生长特性

庭院种植时,应选择没有西晒的半阴地方种植,种植时切勿弄断根系。注意如果种植在全阴的环境下不容易开花。

浇水

金边瑞香的根系不深,因此不耐干旱。在新芽生长的春季和高温的夏季切勿让泥土过于干燥,一旦发现表土干燥后应充分浇水。其他季节时,则不需要特别留意。

种植用土

这里的泥土指的是不需要移栽的盆栽用土,应选用排水性和保湿性好的介质。用7份泥炭、3份腐叶土混合调配使用即可。

环境地点

喜温暖半阴的环境。推荐盆栽种植。

肥料

为了让春季新生长出来的枝条健康生长,在开花期过后的4月中下旬和9月施加缓释肥。此外,每年可以在冬季1~2月施富含有机物的冬肥。

病虫害

根部会因真菌引起褐变,叶子逐渐变黄、收缩直至枯死,这些都是感染疫病后的症状。发现这些症状时,大多数情况下的植株已经无法康复,因此平时要避免过度修剪,以预防为主。

主要虫害为蚜虫和卷叶蛾。蚜虫会导致新芽萎缩,同时也是一些疫病的传播媒介。卷叶蛾则会啃食叶子。无论是哪种虫害,在发现后应及时喷撒药剂驱虫。

繁殖方法

扦插枝条是最普遍的繁殖方法。如果剪取前年的枝条,可以在当年的4月扦插;当年的枝条则可以在7~8月扦插。枝条插入在细泥炭中很容易生根,2~3个月之后就可以上盆。

购买方法

推荐直接在花市上购买成品
花苗。选择株型饱满，分枝
多花苞多且饱满的花苗

特性

常绿直立灌木，株高
30~100厘米。枝条呈
紫褐色或红褐色，无
毛，叶互生，叶片为
长圆形或椭圆形

欧石楠

Erica

别名：艾莉卡
科属：杜鹃花科欧石楠属
原产地：非洲、欧洲
生长习性：喜光照、较寒冷的环境

速查小卡片

所需日照：⛅⛅
所需水分：💧💧
耐寒性：❄❄❄
耐热性：☀☀☀
栽培难度：★★★
用途：观赏、药用

欧石楠

冬季花市里的新宠"欧石楠",纤细的枝条上挂满了一串串的可爱小花,遥远望去花团簇簇,热闹非凡。欧石楠属大约有740种植物,其中有16种原产于欧洲,其余大部分为南非的原生品种。欧石楠无论是株型、开花期,还是花色、花型等都变化繁多,有铃铛形和垂筒形等品种。

生长特性

欧石楠不耐多肥多湿和高温期,喜光照和通风良好的环境。原产欧洲的品种耐寒性强但不耐酷热,而原产南非的品种则耐热性强且具有一定的半耐寒性。由于根系非常纤细,所以过于干燥对于欧石楠来说是非常大的伤害。

浇水

盆栽种植,切勿断水,一旦土壤干燥就必须充分浇水。

种植用土

欧石楠喜弱酸性的土壤,夏季高温多湿容易导致根系腐烂,在寒冷地区可以2份水苔,其余用4份泥炭、4份腐叶土的比例来调配。夏季炎热地区基本很难过夏。

环境地点

喜阳、较耐寒、不耐高温。

肥料

在春季和秋季的生长期施肥。每月施加一次固体缓释肥和2~3次的液体肥,夏季高温期则停止施肥。

病虫害

虫害有蚜虫和介壳虫。在生长期间,如果光照或通风不良会很容易引发蚜虫。此外,定期检查枝干,早期发现介壳虫时,用刷子将其刷落即可。

日常管理

花期结束后,摘除残花,修剪株型。如果是花开茂密的品种,直接将植株修剪掉原来高度的 1/2~2/3。如果是枝条顶端开花的品种,花朵枯萎后修剪掉一半的枝条即可。

繁殖方法

在春季或秋季进行扦插,推荐春季将枝条扦插在泥炭和蛭石的小盆中,冬季则在温室中培养。

购买方法

推荐在花市上直接购买成品。

羽衣甘蓝

Brassica oleracea var.
acephala f. tricolor

别名：叶牡丹、牡丹菜、花
包菜、绿叶甘蓝
科属：十字花科芸薹属
原产地：欧洲
生长习性：喜冷凉的环境
入手方法：购苗、播种

速查小卡片

所需日照：⛅⛅
所需水分：💧💧
耐寒性：❄❄
耐热性：☼☼☼
栽培难度：★
用途：观赏、食用

羽衣甘蓝

用秀色可餐来形容羽衣甘蓝一点也不为过。夏天播种的羽衣甘蓝，在冬天的严寒中叶子会变成乳白、粉红、鲜红等颜色，成为非常美丽的冬、春季观赏植物。羽衣甘蓝是食用甘蓝（又称卷心菜）的改良园艺变种，区别在于不会像甘蓝那样的中心卷成球形。对于单调枯燥的冬季来说，无疑是难得的装饰点缀素材。

生长特性

全年种植在光照良好的地方。可以户外露天种植，在北风中也可以长时间观赏到美丽的姿态，但是要避免强霜冻。如果从茎部切下作切花时，应避免切口沾染到水后腐烂，放置在屋檐下等淋不到雨的地方。不喜酸性土，如果是地栽的话可以加入石灰等中和调节土壤。

浇水

盆栽情况下，发现盆土表面干燥后就需要充分浇水。地栽时，除了第一次种植时浇透水之外不需要另外再浇水。

种植用土

适合选用排水性和保湿性良好、富含有机物的土壤。使用泥炭会缺少磷酸，所以种植时必须加入作为底肥的含磷酸较多的缓释肥混合。混合的比例为泥炭 6 份、腐叶土 4 份和适量含磷酸较多的缓释肥。

环境地点

喜阳、极耐寒、不耐涝。

肥料

盆栽的羽衣甘蓝除了小苗期不要过多施肥，特别是氮肥。9 月底以后应停止施有机肥，切换到液体肥来薄肥勤施。这个时候如果土壤中还有肥效会使绿色混杂导致发色难看。

病虫害

冬季可能有灰霉病，勤通风和控制施肥可以避免和预防病害。早春也会发生蚜虫的虫害。

日常管理

适合在 7~8 月进行播种。高温会引起发芽不良，所以应放在半阴处，经过 48 小时就能发芽，然后挪至有光照的地方防止徒长。播种 3 周左右后，可以移栽到直径 8 厘米左右的盆内，再经过 1 个月左右就可以定植。

购买方法

推荐在花市上直接购买成品。

圣诞玫瑰

Helleborus niger

别名：铁筷子、嚏根草
科属：毛茛科铁筷子属
原产地：欧洲
习性：多年生常绿草本
生长特性：耐寒，喜半阴潮湿环
境，忌干冷。
入手方法：播种、分株、购苗

速查小卡片

所需日照：⛅
所需水分：💧💧
耐寒性：❄❄❄
耐热性：☼
栽培难度：★★★
用途：观赏、药用

圣诞玫瑰

圣诞玫瑰因为花期在圣诞前后而得名，中国有一种高山原生种，有暗褐色肉质须根，形如铁质筷子，所以中文学名叫"铁筷子"。常见的铁筷子是来自欧洲的杂交种，开5个花瓣的可爱小花，花瓣的类型有丸瓣和尖瓣，花色有白色、粉色、紫色、黄色、绿色等，花瓣上的斑纹各式各样，多姿多彩。

浇水要点

圣诞玫瑰的叶片大而柔软，生长季节应保持土壤湿润。春季生长旺盛期浇水量随气温升高逐渐增多，早春浇水宜在午前进行。夏季气温高，蒸腾作用强，浇水量要充足，宜在晨、夕进行。深秋至冬季应保持土壤适当干燥，有利于地下芽休眠。

种植用土

适宜种植在湿润、腐殖质丰富的碱性土壤中。酸性土壤、干旱贫瘠和全光照条件都不适合它的生长。

环境地点

最好是种在院子里高大的木本植物底下，因为它喜欢半阴、潮湿、有散射光的环境。阳台种植夏季注意遮荫。

肥料管理

每年分别在春季发芽后、花后、入秋后各追肥一次。花蕾显色或者花莛高出叶片要停止施肥，否则会引起落花落蕾，夏季高温期应停止施肥。每次追肥均以磷、钾肥为主。

病虫害

圣诞玫瑰的病虫害很少，常见病害为茎腐病。5月中下旬开始侵染发病，7~9月为发病盛期，低洼积水、通风不良、光照不足、肥水不当等都会导致发病。在春季提前喷施杀菌剂、及时清理销毁受感染的叶片可以有效控制黑斑病的发生。

日常管理

圣诞玫瑰对环境的要求比较高，适宜种植在半荫潮湿的环境中，但不能积水。初春应保持充足光照，有利于花芽分化、开花、结实，夏季休眠需要75%遮阴的环境，保持70%~80%的空气湿度，不得施肥。国庆前后结束休眠开始发新叶，可分株和移植，分株后2周内不得施肥，其他时间段不得进行分株和移植。初冬开始接受全光照，减少氮肥、适当增加磷钾肥。一定要放在室外，低温对花蕾的萌发起关键作用。

繁殖方法

可以采用播种、分株或组培繁殖，常以分株繁殖为主。

特性

耐寒，喜半荫潮湿环境，忌干冷。铁筷子株型低矮、叶色墨绿、花及叶均奇特，为美丽的地被材料及盆栽植物

购买方法

国内花市并不多见，多见于网购。宜在冬季挑选带花苞的健壮植株

其他

实际上圣诞玫瑰的多数品种除非温室栽培，在我国正常的花期是在春节左右

白晶菊

Chrysanthemum paludosum

别名：北极菊、雪地菊、晶晶菊

科属：菊科茼蒿属

原产地：北非、西班牙

习性：一、二年生草本

生长特性：喜温暖湿润和阳光充足的环境、较耐寒、耐半阴

速查小卡片

所需日照：⛅⛅

所需水分：💧💧

耐寒性：❋ ❋

耐热性：☼

栽培难度：★

用途：观赏

白 晶 菊

白晶菊矮而强健，多花，花期早，花期长，适合盆栽、组合盆栽观赏或早春花坛美化，成片栽培耀眼夺目。开花期早春至春末，花期极长，可维持2~3个月。家庭栽植可购买种子进行播种，如购买成品盆栽苗，宜挑选花苞多、无病虫害的植株。

生长特性

耐寒，不耐高温，生长适温为15~25℃，花坛露地栽培-5℃以上能安全越冬，-5℃以下长时间低温，叶片受冻，干枯变黄，当温度升高后仍能萌叶，孕蕾开花。白晶菊忌高温多湿，夏季随着温度升高，花朵凋谢加快，30℃以上生长不良，摆放在阴凉通风的环境中能延长花期。

浇水要点

平时培养土要保持湿润，干旱生长不佳，但切忌长期过湿，造成烂根，梅雨季节要注意避免长期潮湿引起腐烂。

种植用土

适应性强，不择土壤，但宜种植在疏松、肥沃、湿润的壤土或沙壤土中生长最佳。平时培养土保持湿润，但切忌长期过湿。

环境地点

白晶菊喜阳光充足而凉爽的环境，光照不足开花不良。耐寒，不耐高温，生长适温为15~25℃。

肥料管理

生长期内每半个月施一次氮、磷、钾复合肥，比例为2：1：2。白晶菊多花且花期极长，花期还需要及时补充磷、钾肥。白晶菊由于花期长，生育期或开花期间每20~30天追肥一次，所以平时培养土要保持湿润，花谢后立即剪除残花，可促使新芽再开花。

病虫害

常见病害有叶斑病、茎腐病，可用65%代森锌可湿性粉剂喷洒。虫害有盲蝽和潜叶蝇危害，可用25%西维因可湿性粉剂1500倍喷杀。

日常管理

花谢后，若不留种子，可随时剪去残花，促发侧枝产生新蕾，增加开花数量，延长花期。

繁殖方法

白晶菊用播种繁殖，通常在秋季9~10月播种，发芽适宜温度为15~20℃。覆土厚度以不见种子为宜，保持湿润，5~8天发芽。

茶花

Camellia japonica

别名：山茶花
科属：山茶科山茶属
原产地：中国
习性：常绿灌木
生长特性：惧风喜阳
入手方法：购苗

速查小卡片

所需日照：⛅⛅
所需水分：💧💧
耐寒性：❄❄
耐热性：☀☀
栽培难度：★★
用途：观赏

茶　花

茶花为常绿灌木，叶革质，椭圆形，花色多样，花期 10 月至次年 5 月，花色艳丽多彩，花型秀美多样，花姿优雅多态，气味芬芳袭人，品种繁多，有单瓣也有重瓣。

生长特性

茶花性喜温暖、湿润的环境。生长适温在 20~25℃，29℃以上时停止生长，35℃时叶片会有焦灼现象。茶花需要合适的光照，但是又怕高温烈日直射。春季、秋末时将山茶花要移到见光多的阳台上或地面，接受全天光照，促使植株生长发育，促使它花芽分化，花蕾健壮，夏季适当遮阴。

浇水要点

具体视土壤的干燥情况，浇水则必须浇透，忌积水或浇半截水。每隔几天向叶面喷一次水，以保持叶面清洁。浇水时避开花朵，以免花朵霉烂，缩短花期。

种植用土

适宜栽培于排水良好的肥沃、疏松土壤。

环境地点

采光良好的阳台或者庭院。

肥料管理

茶花喜肥。一般在上盆或换盆时在盆底施足基肥，生长期和秋季花芽分化期薄肥勤施，开花后可少施或不施肥。

病虫害

主要病害有叶斑病、煤烟病、炭疽病等，主要虫害有介壳虫、红蜘蛛，蚜虫，要早防早治。

日常管理

山茶为半阴性花卉，夏季需搭棚遮阴。立秋后气温下降，山茶进入花芽分化期，应逐渐使全株受到充足的光照。冬季应置于室内阳光充足处，若室内光线太弱，山茶则生长不良，并易得病虫害。山茶为长日照植物。在日长 12 小时的环境中才能形成花芽。

繁殖方法

扦插。

购买方法

可以在花市选购也可以在通过网络购买，网络上能选择的品种更多些，但最好是朋友推荐的值得依赖的商家。挑选时主要观察株型是否匀称、枝条是否健壮，是否有病虫害。

南天竹

Nandina domestica

别名：南天竺
科属：小檗科南天竹属
原产地：中国、日本
习性：常绿灌木
生长特性：喜温暖、湿润气候
入手方法：购苗、扦插、播种

速查小卡片

所需日照：⛅
所需水分：💧💧
耐寒性：❄❄
耐热性：☼☼
栽培难度：★
用途：观赏

南天竹

南天竹为常绿灌木，株形优美，叶色初带黄绿色，渐为绿色，入冬现红色，圆锥花序顶生。5~6月开白色小花，浆果球形，12月成熟，鲜红艳丽或呈淡紫色，经霜不落。

生长特性

南天竹喜温暖、湿润气喜半阴和通风良好的环境。生长适温为 15~25℃，较耐寒。

浇水要点

南天竹在生长季要勤浇水，并向叶面喷雾，防止叶尖枯焦，有损美观。

种植用土

适宜栽培于排水良好的肥沃、疏松土壤。

环境地点

采光良好的阳台或者庭院。

肥料管理

定植时加入底肥，根据生长情况薄肥勤施，夏季高温超过 30℃、冬季温度低于 10℃时就不要再施肥啦。

病虫害

南天竹少有病虫害，保持种植环境通风及适当光照可以很大程度上预防病虫害的发生。

日常管理

南天竹在半荫、凉爽、湿润处养护最好。强光照射下，茎粗短变暗红，幼叶易灼伤，过于荫蔽处种植，会使株形松散，影响观赏效果。在冬季植株进入休眠或半休眠期时，把瘦弱、枯死、过密的枝条剪掉。

繁殖方法

播种、分株。

购买方法

可在花市购买小苗，或通过网络购买特殊品种。购买时注意观察植株是否健壮，挑选底部分枝多的。

其他

虽然它的名字听起来是竹子的一种，但是它和竹子完全没关系，只因它枝叶扶疏，且三回羽状复叶小叶的形状多呈披针形，不仔细看跟竹叶倒有几分相像。最近市面上出现的火焰南天竹品种，叶子较宽，冬天会变成美丽的红色。

矾根

Heuchera micrantha

别名：珊瑚铃
科属：虎尾草科矾根属
原产地：美洲
习性：多年生草本
生长特性：喜半阴、耐寒

速查小卡片

所需日照：⛅⛅
所需水分：💧💧
耐寒性：❄❄❄
耐热性：☼☼
栽培难度：★
用途：观赏

矾　根

矾根是为数不多以叶取胜的多年生草本植物，它的叶片象一个个小手掌，丰富多彩的叶色宛如天然调色盘，深色的脉纹极具特色，深受广花友的喜爱。矾根株高 25~45 厘米，花期4~10 月，相比叶片，花朵并不出彩，象一串串红色的小铃铛。

生长特性

矾根喜凉爽气候，生长期以 10~25℃最为适宜，非常耐寒。不同的季节、环境和温度下叶片的颜色会产生丰富的变化，在种植过程中仔细观察，找到最适合它的位置，让它变得漂漂亮亮的。

浇水要点

矾根喜排水良好的基质，每次浇水要干透浇透。

种植用土

适宜栽培于排水良好的疏松土壤。

环境地点

半遮阴、较为冷凉的环境，夏季适当遮阴，避免强烈阳光直晒。阳台或者庭院均可种植。

肥料管理

可加入缓释肥，生长期适当追氮肥。

病虫害

矾根的病虫害较少，保持通风及合适的光照。

日常管理

矾根是比较容易种植的植物，在生长期请保证充足光照，光照不足会引起枝条徒长，叶色不够鲜亮。夏季日照强烈时要给予遮阴，否则叶片会被灼伤，严重时导致植物死亡。

繁殖方法

春秋季分株繁殖。

购买方法

矾根是近年才引进的新品种家养盆栽植株，前两年只能通过网络购买，而且价格比较贵，一株 10 厘米的小苗动辄就几十元，现在花市也有销售，价格也随之下降，叶色多种多样，选购时挑选强壮、分枝多、不徒长的植株。

矾根的移栽

花市里的矾根一般都种在营养钵里，有时还会因为盆子太小而根系盘结，回家后就给它换个漂亮的花盆吧。

1 ← 买来的矾根盆栽。红色营养盆显不出红叶子的美

2 → 为红叶矾根准备一个撞色系的苹果绿花盆，加入底石和土

3 ← 取出矾根花苗，根系没有盘结。如果盘结了就要疏松一下

4 → 放入花盆中央

5 ← 加入营养土

6 → 加入缓释肥

7 ← 浇水，完成

矾根可以单盆种植，也可以好几株种在一个大盆里，还可以把单盆种植的若干种矾根并排放在一起。像彩虹一样的叶色，让它的每一种姿态都充满魅力！

89

彩色三叶草

Trifolium

别名：车轴草
科属：豆科车轴草属
原产地：欧洲
习性：多年生草本
生长特性：耐寒

速查小卡片

所需日照：⛅⛅⛅
所需水分：💧💧
耐寒性：❄❄❄
耐热性：☀☀
栽培难度：★
用途：观赏

彩色三叶草

彩色三叶草是近年来花友中流行的小型植物，它有红色、黑色和各种花纹的彩色叶子，又有传统三叶草的坚强个性，所以深得花友喜爱。

生长特性

彩色三叶草耐寒性好，一般在长江流域冬季不需要保护就可以顺利过冬。

浇水要点

三叶草喜排水良好的基质，每次浇水要干透浇透。

种植用土

适宜栽培于排水良好的疏松土壤，在土壤里事先加入缓释肥料。

环境地点

适合阳光充足的地点，阳光好的条件下，彩色的发色效果也好，看起来鲜艳可爱。

肥料管理

在植料中加入缓释肥，生长期不用追肥。

病虫害

三叶草的病虫害较少，偶尔会有蚜虫或是红蜘蛛，和其他植物一样用药剂杀除即可。

日常管理

三叶草生长力旺盛，很快就能长成大盆，如果感觉到拥挤，就要给它分株分盆。

繁殖方法

春秋季分盆繁殖。

购买方法

三叶草一般是小盆出售，叶色多种多样，选购时挑选强壮、分枝多、不徒长的植株。

PART 5

 早春草花

在自然条件下早春开放的草花，在苗圃温室的管理下可以提早开放，所以我们在花市里十一二月就可以买到这些草花。

这些草花有一定耐寒性，拿回家后可以放在通风的向阳处，只有在大风降温或寒潮才需要稍事庇护。

旱金莲

Tropaeolum majus

别名：旱荷、寒荷、金莲花、旱
莲花、金钱莲、寒金莲、大红雀花
科属：旱金莲科旱金莲属
原产地：秘鲁、哥伦比亚
生长习性：喜温、暖湿润的环境

速查小卡片

所需日照：
所需水分：
耐寒性：
耐热性：
栽培难度：★★
用途：观赏、食用、入药

旱金莲

旱金莲有着和莲花一样的圆形叶子，因此名字也是由盛开出金色的花朵而得来。旱金莲的叶子、花朵、果实和种子偏酸且带有辛辣味，因此常被人用来当做装饰食材或沙拉。品种除了单瓣和重瓣之外，还有各种斑叶的品种。旱金莲独特的香味还有驱除蚜虫的功效，特别适合组合盆栽。旱金莲原本是多年生的蔓生草本植物，但目前市面上也出现了不会蔓生的矮化品种。但是这些品种一般都经过矮化剂处理过的，购买后1个月左右又会旺盛的伸长开来。

浇水要点

盆土干燥时应充分浇水。若泥土过湿，会引发茎徒长，因此浇水过多是大忌。

种植用土

适合使用排水性、通气性好的介质。除了可以使用市面上通用的草花培养土之外，还可以按7份泥炭、3份蛭石的比例调配泥土。

环境地点

喜温暖，不耐寒。北方地区需室内种植。

肥料管理

可以将缓释肥作为底肥拌入种植用土中。盆栽时，避开夏季和开花期间，可以定期施加液体肥。

病虫害

会出现红蜘蛛和潜叶蝇等虫害。

日常管理

移栽适合在3月下旬至5月下旬进行。购买花苗后应尽快移栽，8~10厘米直径的花盆可以种植1棵，地栽按20~30厘米间距种植。由于是一年生的草花，种植后就不需要再换盆了。

梅雨季过后，在株高1/3左右的位置处修剪。这样植株就能复壮，秋季又能欣赏到开花了。

繁殖方法

播种。适合在3月下旬至4月中旬播种。考虑到旱金莲很难熬过夏季，所以推荐在2月下旬的室内播种。由于旱金莲的种子很坚硬，需要在播种前一晚上浸泡在水中，播种后覆土即可。

扦插。6月左右，剪取茎上3节左右长度的枝条，摘除底部和顶端的叶子，插在排水性好的介质中。放在阴凉的地方，大约10日就能生根。

购买方法

一般在在花市上可以直接购买到种子和成品。目前市场上卖的大多是秋季播种后在温室大棚里培养的花苗，购买后就能在元旦、春节期间开花。宜挑选植株健壮的花苗。

角堇

Viola cornuta

别名：小三色堇
科属：堇菜科堇菜属
原产地：欧洲
生长习性：喜凉爽的环境
入手方法：购苗、播种、扦插

速查小卡片

所需日照：
所需水分：
耐寒性：❀❀❀
耐热性：☼☼
栽培难度：★★
用途：观赏

角堇

角堇是冬日里不可或缺的一抹亮丽色彩。独特的花形、丰富的色彩，以及开花早、花期长的特点令角堇无论是在花坛、盆栽或是组合种植中都表现优异。堇菜科堇菜属的角堇，花径较小，花朵繁密，有着和三色堇同样的花形，所以又被称为小三色堇。虽然是多年生的草本植物，但在园艺家庭种植中常做一二年生栽培。

生长特性

喜凉爽环境，忌高温。种植在日照和通风良好的场所。全日照时，开花量会增加。

浇水要点

庭院种植时，在移栽后需要给予植株充分的浇水。

盆栽种植时，当表土干燥时需要充分浇水直至有水从花盆底部流出，但注意不要让花盆积水。

种植用土

栽培选用肥沃、排水良好、富含有机质的壤土或沙质壤土。在换盆或定植的时候，适当加入腐叶土等含有丰富有机质的有机肥料。可以直接使用市面上的草花专用培养土，此外也可以按6份泥炭，3份腐叶土和1份牛粪堆肥的比例来配土。

环境地点

喜冷凉气候，不耐高温。

肥料

在换盆或定植时，将缓释肥等底肥拌入泥土中。过冬期间或寒冷的场合不需要施肥。在温暖地带或角堇不断开花的场合时，每月1次施加缓释肥。

病虫害

灰霉病：低温期浇水后不容易干燥，当叶子和花朵枯萎后很容易爆发灰霉病。因此选择在温暖的午前进行浇水。

黑斑病：秋季，叶子上会长出红褐色的斑点，病状严重时会造成叶子枯萎脱落，需要平时注意观察。

蚜虫、红蜘蛛等：春季夏季容易爆发蚜虫，发现后应及时进行除虫。

繁殖方法

角堇一般用播种的方式来繁殖角堇，以秋季为宜。南方多秋播，北方春播，种子发芽适温15~20℃，气温高于25℃会发芽不良。角堇的种子细小，播种后用粗蛭石略为覆盖，5~8天后发芽。大约30天后，叶片长到3~4枚时，就可移植。

购买方法

由于角堇不耐热，所以从10月左右花店和花市里会陆陆续续开始销售盆栽小苗。10月下旬到11月是购买和移栽的最佳时期。市面上比较多的品种系列有小马系列、果汁冰糕系列和珍品系列等等，总能挑选到自己喜爱的颜色品种

特性

多年生草本植物，株高10~30厘米。茎较短而直立，分枝能力强，叶互生

其他

角堇同三色堇相比，有生育期短、耐热性好的优点。在同样的自然栽培环境中，喜欢冷凉的三色堇在高温天气下，会出现花朵变小、颜色变浅、株形分散等生长衰弱的状况；而耐热性较强的角堇，其良好的外观可以令花期多延续2个月左右。低廉的价格和良好的耐热性，使角堇越来越受到人们的青睐

美丽的角堇可以适
宜各式各样的容器

99

换盆步骤

三色堇一般都是当作绿化植物，买来时常常种在简陋的营养袋里。回家后，为它们换个美丽的花盆吧，也可以用不同颜色的三色堇做出多姿多彩的美色组合。

1 两株不同颜色的三色堇

2 为它们去掉营养袋

3 看到用的基质很黏，根系也很满

4 稍微松驰根系，把两株花庙并排放在花盆里

5 加入松软的营养土

6 浇水

7 种好的三色堇，可以保持冬天到春天都持续开花

紫罗兰

Matthiola incana

别名：草紫罗兰
科属：十字花科紫罗兰属
原产地：欧洲南部
生长习性：喜冷凉的环境
入手方法：购苗、播种

速查小卡片

所需日照：⛅⛅
所需水分：💧💧
耐寒性：❄❄
耐热性：☀
栽培难度：★
用途：观赏

紫罗兰

原产于南欧的紫罗兰，因花朵伴有芳香所以被广泛地作为切花种植。原本是每年开花的多年生草花，但一般作为一年生栽培，秋季播种冬春季开花。紫罗兰花色艳丽，花期长且香气袭人，深受人们的喜爱。

生长特性

适合种植在光照良好的场所。日照不足时花茎容易变软导致发育不良。耐寒性差，被冻伤后就会枯萎。温暖地区可以不用防寒室外过冬，其他地区需摆放在日光良好的窗边。地栽时需要铺盖防寒用的遮盖物。

浇水

泥土过湿容易烂根。泥土表面干燥后应充分浇水。

种植用土

喜排水性好又富含有机物的泥土。可以使用市面上的草花培养土，也可以自行按6份泥炭、4份腐叶土的比例调配。

环境地点

喜冷凉气候，不耐湿涝。北方地区需室内种植。

肥料

一般在种植时加入缓释肥即可。追肥适合在开花期时，每月施加2次液体肥即可。

病虫害

少见，偶尔有蚜虫。

日常管理

由于常被作为一年生草花种植，因此没有换盆移栽的必要。有些株型高大的品种，生长到一定规模后由于枝条过重会有倒伏的现象发生，可以用支撑架来固定植株。

繁殖方法

播种是最容易繁殖的方式。适合在8月下旬至9月上旬进行。太晚播种的话，植株还未完全生长就会不容易开花。在凉爽且通风良好的环境下播种，紫罗兰需要光照后才能发芽，大约15天左右出芽。通风不良会导致花苗枯萎。此外，应使用干净的新土，推荐用市面上的育苗块或专门用来播种的介质。

购买方法

冬季在花市上可以直接购买秋播的花苗，购买后需摆放到室内种植。花色有蓝色、紫色、白色等，品种则有单瓣，重瓣之分，通常重瓣的品种价格比单瓣的贵一些。挑选植株强壮，分枝多的花苗

特性

两年生或多年生植物，株高15~60厘米。茎直立，多分枝，基部稍木质化，全株被柔毛

香雪球

Lobularia maritima

别名：庭芥、小白花、玉蝶球
科属：十字花科香雪球属
原产地：地中海北岸至亚洲西部
生长习性：喜冷凉环境
入手方法：购苗、播种

速查小卡片

所需日照：⛅⛅
所需水分：💧💧
耐寒性：❄
耐热性：☀
栽培难度：★
用途：观赏

香雪球

白色小花成簇绽放的香雪球，有着淡淡的甘甜味。枝条如同地毯般的匍匐生长，适合种在花坛的前排和边缘。此外，和三色堇、仙客来等组合种植时，能突显出美丽的白色。作为花束时也可以用来替代满天星。园艺品种有红色、紫色、粉色和橙色等。

生长特性

喜光照良好的生长环境。耐寒性较弱，适合种植在没有霜降的户外场所。当遇到霜冻时，植株会冻伤，虽然不至于枯萎但不会开花。不喜酸性土壤，在种植到花坛前可撒一些石灰来调整土壤的酸碱度。

浇水

一旦发现土壤干燥就应充分浇水。

种植用土

适合使用排水性、通气性好，又能适当保湿的土壤介质。可以直接使用市面上销售的通用草花培养土，或者按 6 份泥炭、4 份腐叶土的比例配制用土。

环境地点

喜阳光充足、冷凉的环境。忌炎热。北方地区入冬后需要放入室内种植管理。

肥料

换盆时，可以添加一些缓释肥作为底肥。开花期间，每隔 2 周施一次稀薄的液体肥作为追肥。

病虫害

由于过于潮湿而引起发霉、腐烂，最终导致植株枯萎。修剪感染的枝条并保持良好的通风就可预防腐烂。

蚜虫：春季容易大规模爆发蚜虫，一旦发现虫害应立即喷撒药剂驱虫。

日常管理

摘除残花：开花的花序是从顶端的小花开始，花枯萎后回剪到侧芽的部分即可。修剪株型：春季香雪球会茂盛的生长导致株型凌乱，此时修剪掉植株 1/3 的高度，一个月后又能开花。播种：发芽的适宜温度为 15~20℃，在 9 月中旬到 10 月上旬进行秋播，次年的 3 月就可以得到适合定植的花苗。由于种子很细小，所以播种后覆盖上一层薄薄的土即可。

购买方法

冬季能够在花市上买到秋播长大的小苗。挑选健康、分枝多的花苗。买回后可以原盆继续种植，等到气温回升的 3 月份左右可以进行换盆。推荐和其他花卉一起组合种植。

报春花

Primula malacoides Franch.

别名：樱花草
科属：报春花科报春花属
原产地：中国
习性：二年生草本
生长特性：喜温暖、不耐寒、喜阳光
入手方法：购苗、播种

速查小卡片

所需日照：
所需水分：
耐寒性：
耐热性：
栽培难度：★★
用途：观赏

报 春 花

报春花为二年生草本，叶簇生，叶片卵形至椭圆形或矩圆形，花葶自叶丛中抽出，高10~40厘米，伞形花序，花梗纤细，花色丰富，有红、黄、紫、橙、蓝、粉等。蒴果球形，2~5月开花，3~6月结果。

生长特性

报春花喜温暖，不耐严寒，喜光，但忌强烈阳光照晒。宜生长温度为15℃左右，冬季室温如保持10℃，能在0℃以上越冬，夏季温度不能超过30℃，怕强光直射，故要采取遮荫降温措施。

浇水要点

报春花喜湿润环境，但不宜浇水过多，盆土过湿，会沤烂根部。夏季如浇水不当，会使幼苗植株死亡，所以夏季应注意掌握浇水量和浇水次数。冬季入室后，随着生长和孕蕾开花也要注意适当浇水。

种植用土

适宜栽培于排水良好的肥沃、疏松土壤。

环境地点

采光良好的阳台或者庭院。

肥料管理

定植时加入底肥，入秋后天气逐渐凉爽，报春也逐渐进入旺盛生长期，这时应加强肥水管理，前期应适当多施氮肥，以促使枝叶肥壮；后期应适当增加磷肥的成分，以促使其多孕蕾开花，直至现蕾。

病虫害

主要病害有花叶病、灰霉病、褐斑病等，被病毒侵染的植株叶子会变褐干枯。主要虫害有蚜虫、红蜘蛛。保持种植环境通风及充足光照非常重要，预防为主，发现后及早处理。

日常管理

报春一般在6月左右进入休眠期。多数地区不能过夏。如果有幸生活在凉爽的地方，可以将花盆移入室内通风阴凉处保存，温度控制在15℃左右，土壤保持湿润，不能过于干燥和过分潮湿，以防烂根和干旱死亡。9~10月萌发新叶，可使盆株多接受些散射光照，从10月起，可将盆株置于全光照下，使其多接受晚秋光照，促其生长和花芽分化。

繁殖方法

播种。

购买方法

晚秋或早春季在花市上架，根据自己的需要挑选，选购时注意挑选矮壮、花枝多的盆栽，查看花葶及叶片背面是否有蚜虫、红蜘蛛等病虫

特 性

报春花是一典型的暖温带植物，绝大多数种类均分布于较高纬度低海拔或低纬度高海拔地区，生长于潮湿旷地、沟边和林缘，海拔 1800~3000 米。喜气候温凉、湿润的环境和排水良好、富含腐殖质的土壤，不耐高温和强烈的直射阳光，多数亦不耐严寒

欧洲报春是报春花中最常见的大类，它植株矮小，强健耐寒，非常适合冬季的花坛布置。欧洲报春花的花色更是缤纷多彩，如同彩虹一般

百可花

Sutera cordata

别名：假马齿苋
科属：玄参科假马齿苋属
原产地：美洲
习性：一二年生草本
生长特性：喜温暖、不耐寒、喜阳光
入手方法：购苗、播种

速查小卡片

所需日照：⛅⛅
所需水分：💧💧
耐寒性：❅
耐热性：☼
栽培难度：★★
用途：观赏

百可花

百可花为近年来新引入园林品种，国内尚无中文名，故直接使用属名 "*Bacopa*" 音译命名。百可花为一二年生草本；花期5~7月，花朵单瓣，娇小可爱，花色有紫、白、粉等。

生长特性

百可花喜温暖向阳、不耐酷暑高温和严寒，白天温度保持在 18~24℃生长良好，夜间温度保持在 13~18℃，较低的夜温可以增加植株分枝数、保持较深的叶色。百可花喜光照，若日照不足则植株容易徒长，抵抗力亦较弱，此外开花也会受影响。

浇水要点

浇水见干见湿，若浇水过量，易引起根部病害，也勿使植株过度干燥，以防出现萎蔫。

种植用土

适宜栽培于排水良好的肥沃、疏松土壤。

环境地点

采光良好的阳台或者庭院。

肥料管理

定植时加入底肥，生长期每月施液肥1~2次，缓释性肥料可以作为液肥的有利补充，现蕾时可喷施花多多等磷钾肥。

病虫害

主要防止蚜虫、红蜘蛛等虫害，保持种植环境通风及充足光照，预防为主，发现后及早处理。

日常管理

百可花在生长期需要全日照促进分枝，也可适当的摘心可以促进分枝及植株矮化、花朵增加。

繁殖方法

播种或扦插。

购买方法

花市不多见小苗，可通过网络购买植株或种子，收到植株注意检查有无红蜘蛛等病虫。

龙面花

Nemesia strumosa

别名：耐美西亚、囊距花、爱蜜西
科属：玄参科龙面花属
原产地：南非
习性：一二年生草本
生长特性：不耐寒、喜光照充足的
温和气候

速查小卡片

所需日照：⛅☀
所需水分：💧💧
耐寒性：❄
耐热性：☀
栽培难度：★★
用途：观赏

龙面花

龙面花，玄参科龙面花属一二年生草本，花形优美雅趣，色彩鲜艳多变，有白，淡黄白、淡黄、深黄、橙红、深红和玫紫等；喉部黄色，有深色斑点和须毛。龙面花，单朵来看花不大、花容也不妩媚，但是盛开时候小花们密密麻麻缀满花枝，特别是成片栽种时犹如五彩祥云平铺地面,着实灿烂绚丽。

生长特性

龙面花喜光照充足的温和气候，忌夏季酷热，苗期可耐-5℃低温。盆花初次进棚或棚架覆膜应在秋冬最低气温降至0℃前进行。保护地温度白天18~20℃，夜间0~1℃为宜。

浇水要点

龙面花上盆后的浇水应把握"间干间湿"的原则，干的程度以土表发白为准。龙面花有一定的耐旱能力,所以冬季从控制株高、提高抗寒性、降低湿度预防病害等考虑,龙面花的浇水总体上要适度偏干。

种植用土

喜疏松、湿润和排水良好而富含腐殖质的土壤。

环境地点

家庭盆栽冬季宜置于南阳台,阳光房或室内阳光照射到的地方栽培;如果叶色发紫,说明温度、湿度偏低;如果叶色变浅,呈浅绿色,同时节间变长,说明温度、湿度偏高,或光照偏弱,应注意及时调节。

肥料管理

龙面花需肥量中等，每10天左右施肥一次，前期以氮肥为主，间施1~2次磷钾肥。

病虫害

龙面花未见有虫害发生，但龙面花叶面多毛，且分枝密，容易引发病害，应注意预防。病害主要是灰霉病和菌核病,上盆后即要注意观察,发现病株立即整理或剔除，必要时喷药防治。

日常管理

上盆后各摘心一次,以促进分枝,改善株形。应注意适当稀播、及时分苗、及时摘心、及时上盆、加强通风。

繁殖法

秋播或春播,适温15~20℃左右,约10天发芽。

购买方法

花市购买龙面花成品盆栽时候,宜挑选叶色翠绿,花苞初开,无病虫害的植株。

蝇子草

Silene gallica

科属：石竹科大花麦瓶草属
原产地：欧亚大陆
习性：多年生草本
生长特性：喜温暖、凉爽气候、
忌炎热及湿涝

速查小卡片

所需日照：⛅⛅
所需水分：💧💧
耐寒性：❄❄
耐热性：☀
栽培难度：★
用途：观赏，入药

蝇子草

多年生草本，通常不会高过 30 厘米，整体成垫状，蓝绿色的叶片带着蜡质感。花粉红或白色，径约 1.3 厘米，萼筒紫红色。花期春夏季。家庭观赏用栽植一般为其变种，如矮生蝇子草，植株矮，花色深；粉红蝇子草，花序多，花色较蝇子草深。

生长特性

性喜温暖凉爽气候，喜阳光充足亦耐半阴；忌炎热及湿涝。家庭栽植一般作一二年生栽植，秋冬季播种，春夏开花。

浇水要点

春季干旱地区要及时浇水，保持土壤湿润；夏季炎热多雨地区要及时排涝及适当庇荫；入冬前浇足冻水可顺利越冬。

种植用土

以肥沃、排水良好的土壤生长更好。

环境地点

栽植地宜选择地势高、排水良好、阳光充足处。

肥料管理

蝇子草定植前宜施足腐熟基肥，春季结合浇水追施 1~2 次肥料，促其营养生长及开花。

病虫害

蝇子草没有特别麻烦的病虫害，生长期中应注意除草、松土，发现红蜘蛛为害可用石硫合剂喷杀。

繁殖方法

种子繁殖，春、秋季节均可播种，选用疏松肥沃土壤做床，于早春、秋、冬季播种。

购买方法

家庭栽植可购买种子进行播种，如购买成品盆栽苗，宜挑选健康强健无病虫害的植株。

金盏花

Calendula officinalis

别名：金盏菊、盏盏菊、黄金盏
科属：菊科
原产地：欧洲
习性：一二年生草本
生长习性：喜好冷凉，不耐炎热，
能耐受北方的寒冷
入手方法：购苗，播种

速查小卡片

所需日照：⛅⛅⛅
所需水分：💧💧
耐寒性：❄❄❄
耐热性：☀
难易度：★
用途：泡茶，观赏，美容

金盏花

说起金盏花，可能认识它的人很少，但是听过它的人却很多，比如泡茶养生的金盏花茶或是用它制作成的美容护肤品，都已经深受人们喜爱。金盏花原产于南欧、地中海沿岸，如今已遍布全球各地。在我国各地的公园和绿化带，从深秋到早春也可以看到它美丽的身影。

生长特性

在光照和排水良好的环境下，几乎不用特别管理就能长时间的开花。金盏花的生长适温为 7~20℃。冬季需充足的日照来保证花苗健康生长。在温暖地区秋播后，11 月至翌 2 月左右就开始开花。一般 3~5 月是盛花期，到了夏季植株会枯萎。耐寒性很强，甚至在寒冷地区和冰雪覆盖的地区也可以户外露天种植。还未长出花蕾的苗可以忍受-15℃左右的严寒，待到花茎长出后则容易被寒风冻伤，可以使用一些覆盖物来保暖。当冬季气温达到 10℃以上，金盏菊就会发生徒长。反之，当夏季气温升高，则茎叶生长旺盛，花朵变小，花瓣显著减少。

浇水

由于金盏花耐旱性强，地栽不需要特别补水。盆栽或组合盆栽时，土壤干了之后必须充分浇水。如果盆土长时间过湿则很容易造成徒长或根系腐烂。幼苗的金盏菊以稍湿为好，有利于茎叶生长，冬季提高抗寒能力。成年植株以稍干为宜，可以控制茎叶生长，以免引起徒长。

种植用土

用普通的草花培养土来种植即可。

环境地点

阳台或庭院的全日照处，冬季不要拿到室内。

肥料

种植在花坛里时，只需在土壤里拌入堆肥和作为底肥的缓释肥即可，不需要额外的追肥。盆栽种植时，除了加入底肥之外，每月 1 次施加液体肥。

病虫害

有时会有白粉病和炭疽病，保持种植环境有充足光照、通风和排水良好，还可以撒石灰来预防。

另外金盏花如果连续几年种植在同一地方会出现生长不良的情况，所以种植几年后就要更换种植场所。

早春花期易遭受红蜘蛛和蚜虫危害，应定期喷洒药剂，保持良好的通风。

繁殖方法

南方秋季、北方早春播种繁殖。

购买方法

金盏菊的花苗在花市里卖草花的店铺多有出售，一般是在 12 月左右上市，一直到次年 3 月下市，一般是一株一盆，价格便宜，非常亲民。花市里出售的金盏花多数是橙色和黄色两种，花形有重瓣和半重瓣的，稍稍有些单调，其实，金盏花作为一种深受喜爱的园艺植物，品种是十分繁多的，不仅有黄、橙色，也有乳白和双色复色等，花心也有绿心、深紫色花心的变化。如果想尝试这些新颖的品种，可能就需要购买种子自己繁殖

特性

金盏花是二年生的草花，常被当作一年生草花来种植。主要花期从 9 月一直持续到次年 5 月，喜欢温和凉爽的气候，怕热、耐寒性强。植株健壮容易种植，是一款适合任何人的"懒人花"

在寒冷的冬日里，它那黄色和橙色等暖色系的花朵长时间盛开绽放，让人从内心里感到春天近在眼前了

金盏菊有很多花色品种，最近比较新的是花瓣正面和背面颜色不同的品种，这种名叫'米色美人'的金盏菊正面是淡淡的粉色，背面则是艳丽的橙红色，看起来变化多姿，与传统的金盏菊又有着不同的美感

橙色品种

黄色品种

金盏花的播种

金盏花除了买苗，也可以播种繁殖。播种南方在秋季 9~10 月进行，北方地区则在早春进行春播

发芽的适宜温度在 20℃左右，盆播土壤需消毒，播后覆薄土，需要 5~10 天就能出芽。发芽后的金盏菊一般移苗到小花盆里管理一段时间，就可以移栽到花坛或是大花盆了。

1 发芽 ↑

发芽的小苗，可以看到
真叶即将长出来

2 准备 ↑

准备一个小花盆，斜放着
着填入一半土

3 放苗 ↑

将小苗小心起出，放在
倾斜的土面上

4 加土 ↑

在小苗上加入另一半土

5 完成 ↑

写好标签，充分浇水，在荫蔽处
管理几天后就可以拿到太阳下了

换盆步骤

从花市购买回的花苗有两种，一种是种植在大花盆里的成品盆花，另一种是种植在营养钵或小花盆里的半成品花苗，成品盆花可以直接添加些肥料，放在套盆或是花篮里欣赏，营养钵苗则需要重新换土栽培。

下面是移栽半成品花苗的方法。

3 剪开 ↓

可以看到根系缠绕，这种状态需要用剪子剪开几个缺口，松开缠绕的根系

1 购买 ↑

花市里买到的金盏花营养钵苗，根系已经长出花盆了

2 取出 ↑

拿住花苗的颈部，小心剪开，取出花苗

4 加土 ←

选择比原来大一圈的花盆，加土，把花苗放入花盆正中间

↑ 浇水 6

移栽完成后充分浇水，在荫蔽处管理几天后就可以拿到太阳下了

5 施肥 ↑

加入混入肥料的营养土，小心整理花苗周围的泥土

◄在国外金盏菊因为有药用效果，常常被当作香草来栽培在绿意盎然的香草园里，多数香草的花色比较素雅，灿烂的金盏菊成为亮眼的存在

▼金盏花有漂亮的暖色调，适合和紫罗兰、三色堇等蓝色的冷色调花作撞色组合，也可以和白色的香雪球、白晶菊作互补组合。在春季的草花组合里，花色温暖的金盏菊让整个花境变得充满生气

PART 6

 小球根

小球根以来自地中海和南非地区的球根为主，相比郁金香、风信子等大型球根，它们个头小，开花秀气，价格也相对低廉。购买数个或数十个集群栽培，开花非常有气氛。小球根多数可以复花，在开花后不要丢弃，施一点磷钾肥，等待叶片自然枯黄，挖掘出球根放在阴凉透气处保存，秋季可以再次种植。也有很多小球根例如葡萄风信子可以不起球，只需夏季把花盆放在阴凉处，秋季浇水就会再次发芽，更加方便。

番红花

Crocus sativus

别名：西红花、藏红花
科属：鸢尾科番红花属
原产地：地中海沿岸
习性：球根
生长习性：喜冷凉湿润和
半阴环境、较耐寒

速查小卡片

所需日照：⛅⛅⛅
所需水分：💧💧
耐寒性：❄❄❄
耐热性：☀
栽培难度：★★

番红花

说起早春球根番红花，这是一种令人熟悉又陌生的花卉。其花茎很短，每棵球根开花1~2朵，有的品种带有香味。番红花有一个秋季开花的类似品种，名叫藏红花。花朵颜色为淡紫色，花柱红色，就是著名的香料藏红花，藏红花原产伊朗一带，在古代由西藏传入我国，所以又叫藏红花，而并不是由西藏原产而得名。

生长特性

番红花原产欧洲南部。喜冷凉湿润和半阴环境，较耐寒，宜排水良好、腐殖质丰富的沙壤土。

浇水

由于番红花的生长期为冬春季节，应特别注意浇水，保证球根的正常发育。浇水过多容易令土壤过于湿润，会导致球根腐烂或是冻伤。入春后，日常正常浇水即可。

种植用土

宜使用排水良好、腐殖质丰富的沙壤土，也可用普通的草花培养土来种植。种植前可以在基质里拌入饼肥、鸡粪等发酵好的有机肥。

环境地点

阳台或庭院的全日照处，冬季北方露天地区注意防冻。

肥料

除了添加作为底肥的有机肥之外，在生长期可以每周施加稀释过的含氮、磷的液体肥。发现有花苞后应减少或停止施肥，避免花芽分化受到影响。开花后追施含氮磷钾的通用液体肥，帮助球根生长和储存次年生长养分。

病虫害

番红花的病害主要为菌核病，会感染球茎和幼苗。在存储和种植时，应挑除受伤或被感染的球根，并定期喷洒杀菌药剂，

繁殖方法

番红花种植在地里可以自然分球，过些年就会长成一大片。不过南方地区因为雨水多，需要抬高花坛种植。

购买方法

购买主要以球根为主，在花市里也能买到种植好的成品盆栽。一般在秋季种植，可以从花市或花卉网店网站购买。

葡萄风信子

Muscari botryoides Mill

别名：蓝瓶花、蓝壶花
科属：百合科蓝壶花属
原产地：地中海沿岸地区、亚洲西部
生长习性：喜温暖凉爽的环境

速查小卡片

所需日照：
所需水分：
耐寒性：
耐热性：
栽培难度：★
用途：观赏

19

葡萄风信子

葡萄风信子会开出鲜艳的蓝紫色花朵，不仅能增添冬春季节的色彩，同时也是能够突出郁金香等其他花卉的植物。

在花坛里时可以群生并每年都开花，是优秀的地被和花园植物。葡萄风信子属有多达 40~50 种的品种，一般较多的有深紫、淡蓝、粉色和白色等花色的品种，也有强香的品种。

浇水要点

地栽几乎不需要浇水。盆栽种植时，泥土干燥后应充分浇水。葡萄风信子耐旱型强，虽然平时泥土不需要很湿润，但当长出花蕾后就不能断水。6~9 月则不需要浇水。

种植用土

一般用市面上的通用草花培养土即可，也可以按 7 份泥炭、3 份腐叶土的比例自行调配。

环境地点

喜温暖凉爽气候。北方地区可覆盖地膜，露天种植。

肥料

地栽种植时，几乎不需要施肥。但是花后的追肥可以令球根壮大并增加来年的开花花芽。盆栽时，在深秋和开花后添加缓释肥即可。

病虫害

排水不良时，泥土会长出有白色棉絮般的霉菌这可能是枯萎病。可以通过撒些石灰的办法来预防。

日常管理

如果是需要种植多年的情况，建议按 2 个球根直径的距离间隔来种植。若想到种植出地毯般的开花效果，建议密植球根。一般在 10 月左右种植。

如果放任植株随意生长，秋季时葡萄风信子的株型会变的凌乱且影响开花，因此在早春时应修剪掉一部分的叶子。此外，6 月左右时应把种球挖出来等到深秋季节再次种植。

繁殖方法

可以通过自然分球来繁殖。

购买方法

在秋冬的花市上可以购买到国外进口的葡萄风信子鳞茎。挑选鳞茎饱满且没有伤口的球根，购买后种植时只需将泥土掩盖到鳞茎的顶部茎头即可。

洋水仙

Narcissus pseudonarcissus

别名：喇叭水仙、黄水仙
科属：石蒜科水仙属
原产地：地中海沿岸地区，法国、英国、西班牙、葡萄牙等地
习性：多年生草本植物、温带性球根花卉
生长特性：喜好冷凉的气候、忌高温多湿
入手方法：购买球根或盆栽

速查小卡片

所需日照：🌤🌤
所需水分：💧💧
耐寒性：❄❄
耐热性：☀
栽培难度：★
用途：观赏

洋 水 仙

洋水仙花形奇特，花色素雅，叶色青绿，姿态潇洒，常用于切花和盆栽，是春节等喜庆节日的理想用花，亦适合丛植于草坪中或片植在疏林下、花坛边缘。

生长特性

洋水仙喜好冷凉的气候，忌高温多湿。我国南方地区种植洋水仙，购买球根时要查明球根是否经过冷藏处理，若未处理买回后要经历 40~50 天 8~10℃的春化过程，打破其休眠，再栽培可有效促进开花。

浇水要点

洋水仙种植后，土壤要经常保持湿润以促进生根发芽，生长期间对水分要求不高，坚持"见干见湿"的浇水原则，洋水仙忌高温多湿，花后渐渐减少浇水量，休眠期断水。

种植用土

栽培土壤以富含有机质的微酸性肥沃砂质壤土为佳，土中预埋有机肥，或使用经用有机肥堆沤过的泥炭土拌少量的河沙种植效果亦好。

环境地点

喜好冷凉的气候，忌高温多湿。

肥料管理

栽培土壤土中应预埋有机肥；生长期间可每两个星期用磷酸二氢钾稀释液淋一次，亦可施少量的氮肥。

病虫害

洋水仙强健，一般不大发生病虫危害。

日常管理

种植后移至日照约为 50%的半阴处，土壤经常保持湿润，当叶芽伸出土面后，再将盆栽移至日照为 70%~80%的环境下栽培。花后可放置于阴凉通风处以延长其生长期，促进其积聚养分充实鳞茎，以达到来年复花的目的。

繁殖方法

常用分球繁殖，一般在秋季进行，繁殖时将母球两侧分生的小鳞茎掰下作种球，另行栽植即可，小鳞茎繁殖要 4~5 年方可开花。

购买方法

可在秋季 9~10 月购买休眠期鳞茎进行种植，也可以在早春时节直接从花市购买开花的盆栽苗。

雪滴

Leucojum vernum

别名：雪铃花、雪花水仙、雪片莲
科属：石蒜科雪滴花属
原产地：欧洲中部及高加索地区
习性：多年生草本
生长特性：喜欢凉爽、湿润的环
境，适应性强，比较耐寒

速查小卡片

所需日照：
所需水分：
耐寒性：※※
耐热性：☼
栽培难度：★
用途：观赏

雪 滴

雪滴花是一种可以在春寒中开出优美花朵的植物，雪滴花的名字最早出现于 17 世纪德国的文献中，那时新流行的一种泪珠状的耳环和该花的形状相似，而不是因为在下雪的天气开花命名的。雪滴花株丛低矮，花叶繁茂，不畏春寒，宜于半阴林下或草坪中丛植，又适合花境和岩石园中点缀，也可盆栽供室内摆设或做切花。

生长特性

喜欢凉爽湿润的环境，适应性强，性耐寒，在上海地区能露地越冬，不需保护，在向阳处或半阴下均可生长。

浇水要点

雪滴花比较喜爱的凉爽湿润的环境，但是也要保持一定的干燥性，怕雨淋，可保持叶片的干燥，空气的湿度可保持在 40%~65%。

种植用土

雪滴花对土壤要求不严，一般土地均可栽培，以肥沃、排水良好的土壤生长更好。

环境地点

雪滴花宜种植于向阳处或疏林下；盆栽 11 月进行，栽后放室外，长根、萌芽后可以搬入室内，放置于南向阳台、窗口光照充足处；上海地区也能在室外露地越冬。

肥料管理

雪滴花对肥水的要求不是很高，一般在种植的时候施够足够的底肥便可，在其生长的过程当中，需要遵循的是"淡肥勤施、量少次多、营养齐全"的施肥（水）原则。

病虫害

主要发生叶斑病，可用 50%甲苯硫菌灵可湿性粉剂 700 倍液喷洒。有线虫为害，可用 90%敌百虫原药 1 500 倍液浇灌。

日常管理

秋季种植，株行距以 10 厘米×20 厘米为宜，每隔 2~4 年分栽一次，并更换栽植地点，生长期间每 2~3 周追施 1 次肥水。雨季还要注意排水。

繁殖方法

一般隔 3~4 年分球一次，初夏后，地上部凋萎时，应立即进行分植鳞茎。在我国南方一般很难繁殖。

购买方法

可在秋季 9~10 月购买休眠期鳞茎进行种植，购买时挑选健康饱满的鳞茎。

原生郁金香

Tulipa gesneriana

别名：洋荷花、草麝香、郁香
科属：百合科郁金香属
原产地：亚洲、欧洲及北非
习性：多年生草本植物
生长特性：耐寒性强、喜光、不耐炎热
入手方法：购买种球

速查小卡片

所需日照：⛅⛅
所需水分：💧
耐寒性：❋❋❋
耐热性：☀
栽培难度：★★
用途：观赏

20

原生郁金香

我们常见的园艺郁金香不同，原生的郁金香大多自然分布于人迹罕至的地方，也有一部分原生种因其娇小可爱，更容易复花而受到家庭园艺爱好者的青睐。原生种郁金香一般比园艺种郁金香矮小，叶片细长、甚至有卷边褶皱，花小，花瓣紧紧包裹在一起，朝开夜合，花期早，种球也比较小。

浇水要点

种植后应浇透水，使土壤和种球能够充分紧密结合而有利于生根，出芽后应适当控水，待叶渐伸长，可在叶面喷水，增加空气湿度，抽花薹期和现蕾期要保证充足的水分供应，以促使花朵充分发育，开花后，适当控水。

种植用土

原生郁金香鳞茎应该种植在土层深厚、肥沃的沙壤土中，其根系生长最忌积水，一定要排水通畅，可以在盆土中混入颗粒状介质以增加透水性。

环境地点

原生郁金香耐寒性强，喜光，充足的光照对郁金香的生长是必需的，光照不足，将造成植株生长不良，引起落芽，植株变弱，叶色变浅及花期缩短。家庭种植适宜种于室外光照充足、排水良好的地方。

肥料管理

家庭栽植宜于栽植介质中混入足够的无机缓释肥，生长期间就可以不再追肥，但是如果氮不足而使叶色变淡或植株生长不够粗壮，则可施易吸收的氮肥如尿素、硝酸铵等，量不可多，否则会造成徒长。花后追加磷钾肥促进种球快速膨大，为来年复花积聚养分。

病虫害

病虫害防治郁金香主要病虫害有腐烂病、菌核病、病毒病、蓟马、茄无网蚜及根虱等。防治方法一是栽种前进行土壤消毒；二是发病后立即拔除病株，并喷洒代森锌。

日常管理

上盆后半个多月时间内，应适当遮光，以利于种球发新根；出苗后应增加光照，促进植株拔节，形成花蕾并促进着色；后期花蕾完全着色后，应防止阳光直射，延长开花时间；花后及时剪掉残花，放置于阴凉处，尽量延长植株的生长期，避免高温干燥快速休眠；等到6月植株枯黄2/3后，断水，再等半个月左右就可以起球了。

购买方法

每年10~12月是购买种植原生郁金香的最好时机，购买时选择健康饱满的种球。

风信子

Hyacinthus orientalis

别名：风信花
科属：百合科风信子属
原产地：地中海沿岸地区
生长习性：喜温暖、凉爽的环境

速查小卡片

所需日照：⛅⛅
所需水分：💧💧
耐寒性：❄❄❄
耐热性：☀
栽培难度：★★
用途：观赏

风 信 子

风信子是著名的冬季球根，园艺品种极多，一般有深紫、淡蓝、粉色和白色、黄色等花色的品种。多数品种都有独特的香气。

生长特性

风信子耐寒不耐热，冬季生长开花，夏季休眠。

浇水

地栽几乎不需要浇水。盆栽种植时，泥土干燥后应充分浇水。

种植用土

一般用市面上的通用草花培养土即可，也可以按7份泥炭、3份腐叶土的比例自行调配。

环境地点

喜温凉、干爽气候。北方地区可覆盖地膜，露天种植。

肥料

地栽种植时，几乎不需要施肥。但是花后的追肥可以令球根壮大并增加来年的开花花芽。盆栽时，在深秋和开花后添加缓释肥即可。

病虫害

几乎没有虫害。

日常管理

风信子可以水培，有专用的风信子水培玻璃瓶，直接将球根放到加水的玻璃瓶上，定期换水就可以了。风信子水培时要注意水位离球茎的底部有1~2cm的空间，让根系可以透气呼吸，不可将水没过球茎底部。然后用黑色的布盖住球根或放到黑暗处2~3周，再慢慢拿到日光下管理。这样可以避免球根夹箭而开不出花。

风信子用小盆或水培在花后不宜继续培养，地栽的话可以持续生长数年时间，只是次年开花的时候花序会变得长而松散，很难认出它还是风信子了。

繁殖方法

很难繁殖。每年均由国外进口球根，经短期培养而开花，开花观赏后即可废弃，来年再购买球根栽培。

购买方法

在秋冬的花市上可以购买到国外进口的葡萄风信子鳞茎。挑选鳞茎饱满且没有伤口的球根，购买后种植时大约覆盖一个球根深度的土壤。

PART 7

 组合盆栽

冬季的花卉市场并不寂寞，甚至有更多的选择，很多怕热的植物在冬季的室内可以生长良好，选择颜色柔美、株型小巧的冬花做成组合，可以可以营造出春光旖旎的效果。

最简单的组合—混色组合

用相同品种、不同颜色、不同花型的植物制作最简单的组合盆栽。洋桔梗的二色组合。

1.←

购买 3 盆洋桔梗，分别是粉色单瓣、粉色重瓣、蓝色重瓣

2.←

准备一个大小合适的花盆，这里是 24 厘米中高盆

3.↗

拿住洋桔梗花苗，开始脱盆

4.↑

转动脱掉营养盆，稍微疏松根部

5.↑

放入花盆，靠边的位置

6.↑

把第二、第三棵也同样放入

7 ←

3 株花苗的位置
大约正好是等边
三角形

8 ↑

加入营养土，直到
盆边下 1~2 厘米

9 ↑

轻轻拍打花盆壁，让土均匀落下

10 ←

整理盆土，不够的
话再加些土

11 →

放入 5 克左右的
缓释肥

12 →

浇水，完成

139

升级版组合盆栽—冬花组合

1 ←

准备适合冬季的盆花（紫罗兰 1 株，羽衣甘蓝 1 株，雏菊 2 株，花叶悬星藤 1 株）

2 →

准备一个大点的花盆，加底石和 1/3 的土

3 ↑

首先放入最大的紫罗兰。拿住花苗，脱盆

4 →

把紫罗兰放在后方的一个角上

5 ←

在紫罗兰对角线上放上一株羽衣甘蓝

6 ↑

在另外一个角上放上一株雏菊

7 ←

在最后一个角上放
入另一株雏菊

8 →

稍微调整放入的花
苗，留出一处空隙

9 →

在空隙里放入花
叶悬星藤

10 →

调整花叶悬星藤的位
置，到枝条可以达到
较好的垂吊效果

11 ←

加入营养土

12 ←

充分浇水，完成

迎接早春的
香草篮

黄绿色是最能代表早春的颜色,触碰也是感受植物的一种方式。斑叶百里香顶端的黄色斑块和轻触叶片带来的香味,应该是这盆组合香草篮最吸引人的地方,黑色角堇与银边叶蝇子草在色彩上形成对比,使这盆香草篮更加特别。花篮中间配置了夏季开花的白色罗马薄荷,可以通过更换角堇等植物,维持几乎整年的欣赏效果。篮子中间装饰的铁艺小鸟,为整个作品点上灵动的一笔

植物材料：

1 角堇 "黑色喜悦"

2 六倍利 "赛船蓝晕"

3 花叶蝇子草

4 斑叶百里香

5 黄金丸叶薄雪草

6 螺旋灯芯草

7 罗马薄荷

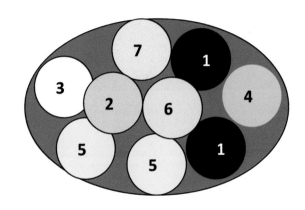

维护要点：

本组合适合全日照，否则彩叶植物会发色不良。

及时剪掉角堇残花，促进持续开花。

温馨的暖色调
报春组合

设计灵感:报春是少数冬季开花的植物,因此在冬季特别制作了以报春花为主角的组合盆栽。暖色系的橙红报春花为冬日带来融融温暖,黄金艾草的斑纹也如同阳光斑驳的影子。
铜色叶三叶草点缀在报春花之间,灵动而可爱,四周加入线条状的麦冬和常春藤,增加了自然的感觉

植物材料：

1 橙红色玫瑰报春

2 乳白色玫瑰报春

3 角堇"古风黄色"

4 黄金艾草

5 铜叶三叶草

6 白边三叶草

7 常春藤

8 麦冬"白龙"

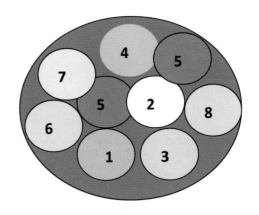

维护要点：

及时剪掉报春残花，促进持续开花。

本组合可以放在半阴处。

报春花期结束后,可以更换其他开花植物。

角堇
与羽衣甘蓝的
水粉画

冬季藤蔓植物休眠，空间上会显得比较单调，可以制作垂挂型的组合花环来弥补。
这里选用了冬季生长的的角堇，矾根和羽叶甘蓝，由于花环的生长空间较小，千叶兰、筋骨草等生长较
为缓慢的植物也非常适合花环的制作，制作完成的花环无论是悬挂在墙上还是依靠在椅子上都非常亮眼

植物材料：

1 角堇

2 报春花

3 矾根

4 紫叶多花筋骨草

5 黄金牛至

6 千叶兰 "霓虹灯"

7 羽衣甘蓝白色

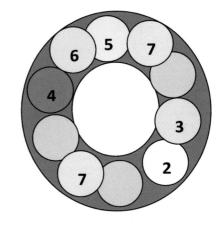

维护要点：

及时剪掉角堇和报春残花,促进持续开花。

本组合可以放在半阴处。

宛如牡丹花园的华美组合

带有紫边的花毛茛作为主角，上下搭配了同色系的羽叶薰衣草和姬小菊，同时选用了灰色的盆器作为衬托，凸显紫色调的层次变化。底部用银色叶的马蹄金来增加明亮度。3 种植物的伸展方式各不相同，羽叶薰衣草向上生长，花毛茛繁茂茁壮，姬小菊下垂伸展，呈现出植物自然生长的千姿百态

植物材料：

1 花毛茛白色紫边

2 羽叶薰衣草"西班牙之眼"

3 姬小菊"紫桃"

4 马蹄金"银瀑"

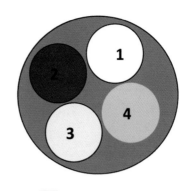

维护要点：

本组合适合全日照的地点。

及时剪掉残花，促进持续开花。

花毛茛花期较短，花期结束后可以挖出更换其他开花植物。

清新秀雅的
可爱小精灵

简洁朴素的组合盆栽，以蓝紫色系小花为主，龙面花担当了高挑的视觉效果，底部的百可花（假马齿苋）可爱松散，如同早春的山间野花，给人一种自然的印象。
短舌匹菊作为亮色点缀在紫色之间，黄绿色的叶片带来春天的感觉，整盆组合小巧迷人，好象习习春风扑面而来

植物材料：

1 龙面花 "蓝色诗歌"

2 百可花 / 假马齿苋 "仙境蓝色"

3 短舌匹菊 "卡洛斯"

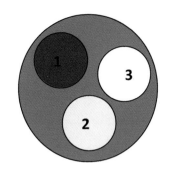

维护要点：

及时剪掉残花，促进持续开花。

本组合可以放在半阴处。

图书在版编目（CIP）数据

冬季盆花种养手册/花园实验室等著. —北京：
中国农业出版社，2018.2
（扫码看视频·花市植物种养系列）
ISBN 978-7-109-23827-5

Ⅰ．①冬… Ⅱ．①花… Ⅲ．①盆栽-花卉-观赏园艺
-手册 Ⅳ．①S68-62

中国版本图书馆CIP数据核字(2018)第001616号

中国农业出版社出版
（北京市朝阳区麦子店街18号楼）
（邮政编码 100125）
责任编辑　国　圆　郭晨茜　孟令洋
————————————
北京中科印刷有限公司印刷　　新华书店北京发行所发行
2018年2月第1版　　2018年2月北京第1次印刷
————————————
开本：700mm×1000mm　1/16　　印张：9.75
字数：240千字
定价：49.00 元
（凡本版图书出现印刷、装订错误，请向出版社发行部调换）